LES

TERRAINS QUATERNAIRES ET RÉCENTS

DU DÉPARTEMENT DU NORD

ESQUISSE

DE LA

GÉOGRAPHIE PHYSIQUE ET L'HYDROLOGIE

DU NORD DE LA FRANCE

LES EAUX MINÉRALISÉES ET LES EAUX MINÉRALES

DU DÉPARTEMENT DU NORD

PAR

H. DOUXAMI

Professeur-Adjoint a la Faculté des Sciences

LILLE

IMPRIMERIE L. DANEL

93, rue Nationale

1909.

LES TERRAINS QUATERNAIRES ET RÉCENTS

DU DÉPARTEMENT DU NORD

Après le retrait de la mer diestienne (pliocène inférieur), dont le rivage méridional devait être peu éloigné de la crête de l'Artois et de son prolongement à l'Est vers l'Ardenne, la région du Nord, sauf peut-être dans la région de la plaine maritime, a été soumise de nouveau aux phénomènes d'érosion atmosphérique. Pendant que les cours d'eau creusaient progressivement leurs vallées jusqu'à 15 et 20 mètres plus bas que leur niveau actuel et charriaient de l'amont vers l'aval les débris arrachés à leurs rives, les eaux de ruissellement, le vent, la gelée, dégradaient tous les sommets faisant disparaître une épaisseur considérable de sédiments tertiaires, crétacés et primaires suivant les régions. Les sédiments diestiens qui couronnent le Mont-Cassel sont à une centaine de mètres environ au-dessus de la plaine flamande et nous donnent ainsi une valeur de l'érosion qui a affecté notre pays depuis l'époque pliocène inférieure.

On ne connaît aucun dépôt marin quaternaire dans le département du Nord. [1] Il n'existe pas non plus de dépôts glaciaires : les glaciers du Nord n'ont pas dépassé le Nord de la Belgique au moment de leur maximum d'extension ; il est probable qu'ils ont dû avoir une action sur le climat de notre région. Les terrains quaternaires ne comprennent que des *alluvions fluviatiles* (cailloux roulés, graviers, sables), désignées souvent sous le nom de *diluvium*, des *tourbes* anciennes, enfin des *limons* qui recouvrent d'un manteau plus ou moins épais presque toute la région pouvant atteindre jusqu'à 15 mètres d'épaisseur, et dont l'importance est si grande aussi au point de vue agricole.

Alluvions fluviatiles. — Elles sont surtout localisées au voisinage et sur les flancs des vallées actuelles où elles constituent une série de terrasses étagées à

---

(1) La plage soulevée de Sangatte, au pied du Blanc-Nez, est le dépôt marin de cette époque le plus rapproché.

différentes hauteurs, d'autant plus anciennes qu'elles sont plus élevées. Les éléments de ces alluvions fluviatiles sont surtout des silex irréguliers, brisés à angles émoussés et à arêtes arrondies indiquant un transport plus ou moins prolongé, mélangés avec des galets tertiaires remaniés et des débris de grès tertiaires plus ou moins roulés. Les calcaires et la craie ont presque toujours disparu, sauf près de l'origine des vallées. Au-dessus de ces cailloux on trouve aussi parfois des graviers et des sables plus ou moins grossiers, parfois glaiseux avec coquilles surtout terrestres. De telles terrasses d'alluvions s'observent le long des cours d'eau qui descendent des collines de l'Artois vers la Flandre et se suivent, au delà de notre territoire, en Belgique, le long des vallées de la Lys et de l'Escaut où elles ont donné lieu à de nombreuses publications des géologues belges. Elles se rencontrent non seulement au voisinage des cours d'eau actuels, mais aussi dans un certain nombre de vallées sèches ou de vallées asséchées pendant la plus grande partie de l'année dans l'Artois et le Cambrésis (Bassin de l'Escaut).

Dans le bassin de la Sambre, les alluvions comprennent à la fois des silex crétacés, des silex tertiaires à Nummulites levigata, provenant de l'ancienne couverture tertiaire de la région d'Entre-Sambre-et-Meuse et des cailloux primaires amenés soit par la Haute-Oise des environs d'Hirson, lorsque cette rivière était encore un affluent de la Sambre, soit par les affluents de la rive droite à partir de la Petite Helpe.

Ces alluvions caillouteuses sont souvent exploitées pour l'empierrement des routes et pour le ballast.

Les plus anciennes, datant probablement de la fin du Pliocène, sont aussi les plus élevées ; elles ont été fortement démantelées au cours des périodes suivantes et les lambeaux qui peuvent subsister, soit dans les régions d'amont des différents cours d'eau, soit au voisinage de leurs vallées, sont souvent difficiles à caractériser, elles s'observent en général à 90 m et plus au-dessus du lit actuel des rivières (vallée de la Lys, de l'Escaut, de la Meuse) ; il est probable qu'une partie du « Diluvium des plateaux » doit se rattacher à ces terrasses anciennes.

A la suite d'un mouvement du sol ayant abaissé le niveau de base, les cours d'eau qui drainaient notre territoire, creusèrent de nouveau leurs vallées d'une façon plus ou moins continue jusqu'à une profondeur correspondant à une altitude minima de 20m au-dessus des vallées actuelles. Lors des arrêts de creusement le cours d'eau remblayait son lit et déposait des alluvions formant une ou plusieurs terrasses dont on retrouve les lambeaux entre 80m et 30m environ au-dessus de la vallée actuelle. L'âge exact de ces différentes alluvions est d'ailleurs difficile à préciser, les terrains les moins élevés ont fourni, dans la vallée de la Somme en particulier, des silex taillés chelléens. Ces hauts niveaux d'alluvions seraient donc d'âge pliocène supérieur et quaternaire inférieur.

Pendant le quaternaire moyen, les cours d'eau présentèrent une nouvelle période d'érosion qui amena le niveau de la vallée à peu près au niveau actuel ; les alluvions déposées après cette période de creusement constituent les alluvions de la terrasse moyenne, bien développées dans la plupart de nos vallées, et qui ont fourni dans un certain nombre de localités des ossements caractéristiques de la faune du Mammouth. (Quaternaire ou Pléistocène moyen).

Au quaternaire supérieur, par suite de nouveaux mouvements de la région, ayant abaissé de nouveau le niveau de base, nos vallées ont été creusées bien au-dessous du niveau actuel ; les puits et sondages effectués dans toutes nos vallées, montrent en effet que les alluvions remplissent la vallée sur une épaisseur pouvant atteindre 25^{m} sous le niveau actuel. Le rivage de la mer du Nord à cette époque, comme celui de la Manche, était en avant du rivage actuel et son niveau plus bas comme le prouvent la présence d'alluvions fluviatiles et d'ossements de mammouth sous certaines régions de la mer du Nord. Le mammouth continuait de vivre dans notre pays, l'ours des cavernes puis le renne l'accompagnaient, ce dernier subsistant plus longtemps que le premier.

Les cours d'eau actuels, après avoir remblayé leurs vallées ainsi profondément creusées, ont dû, probablement à la suite d'un nouveau déplacement du rivage, entamer les alluvions de la basse terrasse, mais jamais assez profondément pour entamer de nouveau la roche en place. Pendant la période récente ces mouvements relatifs de la terre et de la mer ont continué, comme le prouve l'étude des variations du rivage de la mer du Nord.

Les Limons. — Les limons de la région du Nord ont été étudiés de la façon la plus complète par M. Ladrière aux publications duquel nous renvoyons pour l'étude détaillée ; ils constituent pour nous l'assise moyenne et l'assise supérieure de cet auteur [1]. Tantôt ces limons semblent raviner les alluvions fluviatiles, tantôt il existe entre les alluvions fluviatiles de certains niveaux et les limons proprement dits une zone de transition plus sableuse et nettement stratifiée

[1] L'assise inférieure de M. Ladrière, comprend en effet toutes les alluvions fluviatiles dont nous venons de parler : cailloux plus ou moins roulés, graviers, sable et limons fluviatiles, dont l'âge est variable.

alors que les limons sont surtout remarquables par l'absence complète de stratification.

L'origine de ces limons est encore fort discutée : pour les uns ce serait un dépôt d'inondation tranquille, les eaux douces auraient à deux reprises différentes couvert tout notre territoire jusqu'à une altitude de plus de deux cents mètres ; pour les autres, le climat de notre pays aurait été relativement sec, et le vent, aidé par le ruissellement sur les pentes, aurait recouvert tous les terrains déjà déposés d'un manteau d'une sorte de « löss » sableux calcaire et argileux dont les parties supérieures se seraient ensuite plus ou moins altérées

Cliché Demangeon.

Une route dans le Limon (Cambrésis).

sous l'influence des eaux d'infiltration et des agents atmosphériques. Cette dernière hypothèse nous paraît beaucoup plus vraisemblable que la première et permet, en effet, de se rendre compte plus facilement des modifications que présentent les limons à la fois suivant les régions, c'est-à-dire suivant la nature des terrains tertiaires, crétacés ou même primaires, dont les débris ont fourni les éléments des limons, et aussi suivant leurs positions par rapport aux alluvions fluviatiles véritables et les anciennes vallées.

Les limons moyens de M. Ladrière constituent donc pour nous les limons inférieurs. Ils ont des faciès très variés et ravinent les alluvions fluviatiles situées à une vingtaine de mètres environ au-dessus de la vallée actuelle, et ils ont fourni dans la vallée de la Somme de nombreux spécimens de l'industrie acheuléenne. A la base ils présentent parfois un niveau de ravinement des formations plus anciennes et un lit de cailloux; au-dessus vient : 1° un limon sableux ayant soit le faciès limon panaché (Forêt de Mormal, Valenciennes, Le Cateau, Bavai, Landrecies où il a $1^{m}50$ à 2^{m} d'épaisseur et atteint l'altitude de 130^{m}) soit le faciès limon jaune à points noirs charbonneux; 2° un limon fendillé brun rougeâtre qui est la zone la plus constante de ces limons moyens. Le limon fendillé rappelle beaucoup la terre à briques des limons supérieurs et sert aux mêmes usages. Il est donc probable qu'il provient comme cette terre à briques, de l'altération par décalcification d'un limon jaune sableux analogue à l'ergeron des limons supérieurs (1). Ces limons moyens manquent au Nord de Douai et sur toute la Flandre, bien qu'ils aient dû exister autrefois, des lambeaux de limons moyens ayant été signalés sur les pentes du Mont des Cats, dans le centre de la Belgique et dans la Hesbaye.

L'assise supérieure du quaternaire recouvre les autres assises en les ravinant, elle se trouve plus haut sur les plateaux que l'assise précédente et recouvre dans les vallées des niveaux d'alluvions moins élevés que ceux recouverts par les limons moyens, mais n'atteint cependant pas les alluvions de la basse terrasse : celles-ci ou sont recouvertes par des limons de débordement plus ou moins récents, ou par des limons de ruissellement (limons des pentes). A la base on a un lit de cailloux et une zone de ravinement ; on y a trouvé dans un grand nombre de localités des silex taillés du type de Moustiers (Moustiérien) et des débris de *Mammouth* et de *Rhinoceros tichorhinus*. Dans la partie basse des Flandres on a à ce niveau une couche de tourbe.

Au-dessus vient, sur toute la région crayeuse du Nord de la France et en bien d'autres régions, un limon sableux jaune clair très fin, doux au toucher, avec des concrétions calcaires de petite taille (poupées) et des coquilles d'*Helix hispida*, *Succinea oblonga*, *Cyclostoma elegans*. C'est l'*ergeron*. Au voisinage des affleurements de craie, il se charge de petits galets de craie, de débris de silex au voisinage de l'argile à silex, il est plus sableux au voisinage des affleurements tertiaires et est plus développé (jusqu'à 10^{m} et plus d'épaisseur) sur les flancs des vallées que sur les plateaux où il vient se terminer en biseau. Entre Lille et Lannoy l'ergeron passe peu à peu à un limon plus argileux, bariolé, qui recouvre la

---

(1) M. Briquet a signalé dans la vallée de la Somme sous le limon fendillé une couche d'ergeron ancien (löss ancien de l'auteur) ce qui confirmerait cette hypothèse.

Flandre. Dans les vallées de la Lys et de la Deûle on a des couches sableuses et argileuses disposées en petits lits très minces. L'ergeron a fourni à sa base aux environs de Cambrai des ossements de Mammouth, de Renne, de Spermophile (*S. seilillus, L.*) et des ossements humains (1). La *terre à brique* constitue le limon le plus récent de nos limons quaternaires ; c'est un limon argileux, brun rougeâtre, homogène, sans aucune apparence de stratification, c'est le limon d'altération de l'ergeron, c'est-à-dire le produit de la décalcification et de l'oxydation de l'ergeron sur une épaisseur variable par les eaux d'infiltration superficielle. C'est cette terre à briques désignée aussi souvent sous le nom de terre à betteraves qui constitue les terres les plus fertiles des départements du Nord de la France. Dans l'ergeron on a trouvé des silex du type solutréen, dans la terre à brique le Magdalénien, et enfin à sa surface des outils en pierre polie de l'époque néolithique.

Presque tous les dépôts tourbeux des rivières du Nord doivent se rapporter à l'époque de la pierre polie : la partie inférieure de la tourbe aux environs de Lille, dans les anciens lits de la Deûle, dans Lille, où il y a jusqu'à 3 couches de tourbe ou d'argile tourbeuse séparées par des zones de sable et de galets

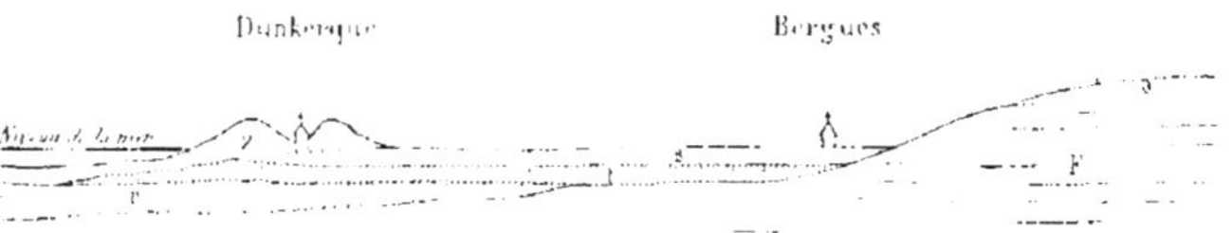

Coupe des terrains récents de la plaine maritime d'après M. Gosselet

Z Sable des dunes et du littoral
s Sable marin de la plaine maritime.
t Tourbe avec poterie gallo-romaine.
r Sable marin flandrien quaternaire supérieur.
a Limon quaternaire.
F Argile de Flandres.

divers. La couche de tourbe inférieure a fourni des haches polies en silex et en calcaire carbonifère. A Houplin près de Lille, dans un marais qui aboutit à la Deûle, on a rencontré des traces de deux palaffittes superposés, le palaffitte inférieur dont le plancher était soutenu par des pieux de petite taille ne contenait que des objets de la pierre polie (Rigaux).

La tourbe de la vallée de l'Aa et de Clairmarais, des environs d'Aire et de Blaringhem, de La Bassée et de la Haute Deûle, de la vallée de la Scarpe depuis

(1) Dans la vallée de la Somme M. Commont a trouvé à ce niveau une industrie nettement présolutréenne.

Douai, Marchiennes, St-Amand, de la vallée de la Sensée, de la vallée de l'Escaut, depuis en amont de Cambrai jusqu'à Anstaing en Belgique, a commencé aussi à se former à cette époque ; dans quelques points elle continue encore de se produire de nos jours.

La tourbe activement exploitée autrefois comme combustible est complètement négligée aujourd'hui.

Terrains récents (Formations Holocènes)

La limite entre le pleistocène et l'holocène peut être indiquée comme celle qui correspond dans nos climats à la disparition du renne, du spermophile, et au retrait de la mer flandrienne (quaternaire supérieur) qui a recouvert de ses sédiments toute la région de la plaine maritime et une partie des estuaires des fleuves côtiers (Ysser, Escaut, Meuse). L'abaissement du niveau a permis aux cours d'eau de creuser leurs lits actuels dans leurs propres alluvions de la basse terrasse.

Les dépôts holocènes les plus intéressants sont ceux de la plaine maritime. Depuis l'époque de la pierre polie jusqu'au Ve siècle de notre ère, après le dépôt des sables marins quaternaires supérieurs à *Cardium edule* qui constituent aux environs de Dunkerque, au-dessus des terrains tertiaires, le sous-sol profond de la plaine maritime, s'est formé un dépôt de tourbe de 2 à 3 mètres d'épaisseur formée uniquement de végétaux terrestres ou d'eau douce, avec des troncs d'arbres, des os de mammifères terrestres et d'oiseaux. A Looberghe, à 20 centimètres de profondeur, elle a fourni une hache en silex, polie d'un côté ; sa surface a été habitée par l'homme depuis l'âge de la pierre polie jusqu'au milieu du Ve siècle. A cette époque le cordon littoral de dunes qui la protégeait contre les eaux marines s'est rompu, et la mer a repris possession de la plaine maritime, ne dépassant pas au Sud les limites actuelles de la plaine maritime et déposant suivant les points des argiles ou des sables à coquilles marines (*Cardium edule Scrobicularia piperata*) que l'on retrouve dans la position où ils ont vécu.

La mer se retira peu à peu et, à partir du VIIIe siècle, on retrouve des traces de l'occupation par l'homme de la plaine maritime ; depuis c'est entre lui et la mer une lutte continuelle pour consolider le rempart des dunes et du cordon littoral et éliminer vers la mer, entre deux marées, les eaux douces et saumâtres qui inonderaient la plaine maritime, celle-ci se trouvant en effet au-dessous du niveau moyen des eaux marines.

Les sédiments holocènes du Nord peuvent être d'origine marine ou d'origine continentale.

Parmi les premiers, nous citerons les galets (surtout de silex) arrachés à la falaise du Blanc-Nez et que les courants portent vers Calais et Dunkerque; des sables jaunes ou gris micacés avec coquilles de Lamellibranches, les autres plus fins verdâtres, colorés par de la glauconie avec cardium edule, enfin des argiles dites « laisses de mer » déposées à l'abri des courants.

Les sables marins soulevés par le vent s'accumulent à une certaine distance du rivage sous formes de dunes hautes de 6 à 8^{m} à pente rapide vers la mer, moins inclinée du côté de la terre; au sable se mélangent des débris de coquilles marines apportées par le vent, des débris de coquilles terrestres et de vertébrés (oiseaux, mammifères); les sables à stratification entrecroisée présentent aussi à la base de petits lits argileux intercalés, dus à une invasion momentanée de la mer dans une dépression de la ligne des dunes. Les dunes se rencontrent sur une largeur de 1 kilomètre environ et sont de formes extrêmement variées avec des dépressions appelées *Pannes*, quelquefois occupées par une petite mare d'eau douce et où arrivent à croître quelques saules, argousiers et sureau.

En arrière de la ligne de dunes littorales, il en existe d'autres comme celles du sud de la Panne, plus anciennes.

L'argile des Polders se développe surtout vers l'embouchure des fleuves et est constituée par les vases fines apportées par les fleuves.

Parmi les formations holocènes d'origine continentale se trouvent les *atterrissements des rivières* variables avec la vitesse du courant et la nature géologique du bassin d'alimentation, les *déjections torrentielles* se produisant soit sur les pentes (*limons de lavage*), soit aux extrémités des vallées, enfin surtout à la fin du pleistocène et au début de la période holocène, la tourbe s'est développée pour ainsi dire dans toutes nos vallées et surtout dans la région de la plaine maritime.

La faune de l'époque holocène est celle qui habite encore notre pays : quelques espèces (élan, aurochs, urus, ours, castor) ont disparu exterminées par l'homme.

Les dépôts holocènes les plus anciens se rapportent à l'époque de la pierre polie (néolithique); le dolmen du Hamel près d'Arleux, les pierres dressées de Cambrai (Pierres jumelles), de Solre-le-Château (Pierres Martine) datent aussi de cette époque. Les découvertes d'objets de la pierre polie sont fréquentes aux environs de Lille, sur toutes les hauteurs du département dans des limons de lavage, des atterrissements de rivière ou à la base de la tourbe. (Lille, Houplin, Plaine Maritime).

Aucun dépôt géologique ne paraît pouvoir se rapporter d'une manière certaine à l'âge du bronze, tandis que l'assise gauloise ou du fer préhistorique a été caractérisée de la façon la plus nette au camp d'Avesnelle (dit camp de César), dans les marais d'Houplin. De l'époque gallo-romaine daterait le dépôt calcaire de la vallée de l'Aa improprement désigné sous le nom de « Fond de mer », certaines alluvions de la Deûle et de l'Escaut indiquant un cours plus rapide des rivières du Nord, résultant probablement de l'envahissement par la mer de la région de la plaine maritime. Les sables et vases marins qui recouvrent la tourbe dans la plaine maritime ont peu à peu comblé le lac saumâtre que l'invasion marine avait créé au IVe siècle ; l'invasion marine du XIIIe siècle a occasionné, mais sur une moins grande échelle les mêmes phénomènes.

De nos jours, les assises modernes passent insensiblement aux formations plus anciennes, aussi bien pour les alluvions fluviales que pour les sables marins des plages du Nord ; ce ne sont que les plus récentes, celles du XIXe siècle qui peuvent être distinguées grâce aux documents écrits et aux observations précises des savants.

ESQUISSE

DE LA

GÉOGRAPHIE PHYSIQUE ET DE L'HYDROLOGIE

DU NORD DE LA FRANCE

Lorsqu'on regarde la région du Nord de la France sur une carte géologique d'ensemble, on voit une grande tache de terrains primaires, extrémité occidentale du grand massif primaire de l'Ardenne et des massifs schisteux rhénans, qui se termine en coin aux environs d'Avesnes et qui communique à cet arrondissement et au territoire du département situé au Sud et à l'Est de la Sambre son caractère spécial. Plus à l'ouest, ces terrains primaires sont enfouis sous une couverture de terrains plus récents, crétacés et tertiaires, mais restent en quelque sorte jalonnés soit par l'accident géologique connu sous le nom de ride de l'Artois, soit par de petits affleurements en file depuis les environs d'Arras jusque dans le Boulonnais.

Au sud de cette ligne, la région parisienne occidentale correspond à un plateau crétacé dont la surface est masquée en certains endroits par quelques lambeaux de terrains tertiaires épargnés par l'érosion et surtout par une couverture presque continue de limons quaternaires. La pente des couches est douce, mais « l'architecture du sol, nous dit M. Barré, est ondulée ; ces ondulations présentent deux directions conjuguées, la direction N.W.-S.E. et la direction perpendiculaire N.E.-S.W. Les ondulations N.W.-S.E., qui sont les plus importantes peuvent se grouper en trois faisceaux comprenant chacun un certain nombre de plis anticlinaux et synclinaux et séparés par deux synclinaux plus importants que les autres et qui correspondent en gros aux vallées de la basse Somme et de la basse Seine. Des cassures remplacent les ondulations là où la couverture de terrains secondaires au-dessus du massif ancien hercynien était moins épaisse (région de l'Artois) ou lorsque le pli était trop prononcé (pays de Bray) ». Toutes ces ondulations d'âge tertiaire ou peut-être plus récentes, reflètent en s'alignant comme elles, des dislocations bien plus anciennes affectant le substratum hercynien, et ont eu probablement aussi une répercussion sur ces plis anciens.

L'hydrographie de cette région parisienne occidentale a trouvé l'origine de ses principaux traits dans cette disposition architecturale résultat de mouvements du sol extrêmement variés. La Canche, l'Authie, la Somme-Inférieure, la Bresles, la Béthune, le Thérain ont en effet un tracé en concordance avec les ondulations synclinales N.W-S.E. Cette disposition originelle conséquente de ces rivières, qui devaient, au moins au début être les affluents d'un grand fleuve Manche, a été modifiée plus ou moins profondément par l'attaque latérale des affluents subséquents, par les phénomènes de capture et aussi par des variations fréquentes dans la hauteur relative du niveau de base. L'étude du rivage, des alluvions fluviatiles des différents cours d'eau qui coulent presque partout dans les alluvions de leurs basses terrasses nous en fournit des preuves.

Les diaclases de la craie ont joué aussi un rôle dans l'hydrographie de la région picarde.

« Il est impossible, écrit M. Demangeon (1), de ne pas remarquer sur une carte du Nord de la France, le grand nombre de vallées ou de tronçons de vallées rectilignes parallèles entre eux N-S 50° E (Oise, Basse Ternoise, affluents de droite de la Canche, Haute-Lys, affluents de la Somme, Haute-Somme) sur lesquels viennent tomber d'autres vallées ou tronçons de vallées également rectilignes et parallèles entre eux N-S 127° E (Somme, Authie, Canche, Haute-Ternoise, Haute Scarpe, Avre, Haute-Brêche, affluents de droite de l'Oise). Or ce sont aussi les directions des diaclases observées soit dans les falaises de la côte, soit dans les carrières. De cette double orientation résulte une disposition réticulée de la surface qui explique les coudes brusques à angles presque droits qui rendent remarquables le tracé de certaines vallées ».

Les ondulations conjuguées des précédentes sont moins bien connues et ne paraissent comporter que deux grandes dépressions synclinales ; par contre elles semblent avoir joué un rôle important dans l'hydrographie de toute la région.

A l'une d'elles en effet, la plus septentrionale, nous rattachons la formation de la vallée transversale occupée autrefois par le fleuve Manche, aujourd'hui envahie par la mer et la coupure du Pas-de-Calais. A l'autre, la plus orientale, correspond une région où les ondulations de la craie ne se font pour ainsi dire plus sentir dans la topographie, par où les mers tertiaires du bassin Belge et du bassin parisien ont communiqué et qui est demeurée le seuil de passage entre la région flamande et la région française, entre la vallée de l'Oise et la vallée de la Sambre. La vallée de l'Oise qui est, elle aussi, une vallée consé-

(1) La Picardie, p. 34.

quente, a pour ainsi dire été toujours très active au point de vue de l'érosion. Cette jeunesse relative de la haute vallée de l'Oise s'est surtout manifestée, comme d'habitude, par des phénomènes de capture : à l'Est, l'Aisne a capté au profit de l'Oise, de la Seine et de la Manche, l'Aire autrefois affluent de la Meuse. L'Oise par son érosion régressive a décapité la Haute-Sambre à Vadencourt [1] là où le coude de l'Oise est si manifeste un affluent important de la Sambre qui constitue aujourd'hui l'Oise supérieure avec le Gland et le Thon. Ces dernières rivières coulaient autrefois par la dépression qui fait communiquer le bassin de la Sambre et de l'Oise et qu'utilise aujourd'hui la grande voie navigable qui unit les deux cours d'eau. Lorsque la capture de cette haute Sambre du début des temps quaternaires a été réalisée, dans le tronçon de vallée abandonnée prit naissance une rivière obséquente active dont la tête est aujourd'hui au Gard, à 12 kilomètres du point de capture et qui, en reculant successivement sa source rencontra et capta deux anciens affluents du cours d'eau déjà décapité, l'Iron et le Noirieu enlevant ainsi au profit de l'Oise deux nouveaux affluents du bassin de la Sambre [2]. D'après M. Briquet, « ce cours d'eau obséquent a encore une pente actuelle éloignée du profil d'équilibre et menace de capter l'ancienne Sambre et la haute Sambre actuelle et d'amener vers l'Oise tout le faisceau des rivières parallèles qui descendent vers l'ouest des confins de l'Ardenne sur le plateau de la Thiérache ». L'Oise qui, surtout dans sa partie supérieure, est encore une rivière très active, affouillant profondément ses portions concaves et alluvionnant ses bords convexes avec formation de bras morts, et changeant pour ainsi dire à chaque instant son lit dans sa large vallée, a pu aussi, d'après M. G. Dollfus, à une époque très reculée, dès le début du cycle d'érosion actuel, alors que la vallée n'était creusée que dans les dépôts tertiaires et n'avait pas atteint la craie, détourner à son profit de la Seine les eaux de la Serre qui était alors un affluent de la Somme.

Au-delà de ce sillon Sambre-Oise, la pente au nord de la crête de l'Artois reste toujours assez faible : c'est ainsi que dans le pays d'Arras il a suffi d'un canal de moulin pour détourner au XIIIe siècle la rivière d'Arras de son chemin naturel qui la portait vers Bouchain et la faire dériver vers Douai. Par contre, dans les **collines de l'Artois** et le **Boulonnais**, à la terminaison septentrionale de la région parisienne occidentale, le faisceau d'ondulations se relève et donne

(1) Avant la terrasse de 30 mètres qu'on observe vers Guise.

(2) L'ancienne Sambre a été, en 1684, par un simple barrage dû à l'homme, détournée de son cours et amené vers Etreux et l'Oise.

naissance à des accidents topographiques spéciaux. Le Boulonnais en particulier a constitué une sorte de dôme, coupé récemment par le Pas-de-Calais, et terminaison orientale d'un grand bombement, dont la continuation au-delà du fossé de la Manche se trouve dans la région anglaise du Weald. L'érosion a ramené au jour, dans le Boulonnais, le jurassique et des lambeaux très disloqués de terrains primaires formant le Bas-Boulonnais actuel, encadré de talus crétacés du Haut-Boulonnais qui constituent une série de « cuestas » dont les sommets aplanis seraient, d'après M. Briquet, les restes d'une pénéplaine d'age pliocène moyen ou pliocène supérieur. Plus à l'Est, le dôme du Boulonnais s'est compliqué soit de plis secondaires, soit de failles qui ont motivé l'apparition des collines de l'Artois, simple rebord frangé par l'érosion de la région crayeuse de la Picardie, et qui bordent et dominent la région flamande.

La **Picardie**, avec son manteau presque continu de limons quaternaires, correspond à la plus grande partie de la région parisienne occidentale. Voici d'après M. Demangeon quelques-uns de ses traits caractéristiques :

« Un relief calme qui se poursuit, sans jamais dépasser 200 m. d'altitude, en de larges ondulations uniformes d'épaisses assises de craie blanche, souvent cachées sous un manteau jaunâtre de limon ; des eaux rares qui s'écoulent lentement sur le fond tourbeux des vallées ; des vallons secs transformés en torrents par les orages, une terre fertile presque dégarnie aujourd'hui de végétation arborescente, couverte de champs et de moissons, de gros villages agricoles pressant leurs fermes et leurs granges au centre de leur terroir ; un peuple de moyens et de petits propriétaires attachés au sol depuis des siècles, des voies de communication faciles et nombreuses, le long desquelles se sont établies des industries issues du sol soit par leur matière première soit par leur main-d'œuvre ; des villes petites pour la plupart qui sont plutôt des marchés ruraux que des agglomérations ».

Les vallées entièrement creusées dans la craie ont des versants à profil continu, sans les saillies et les ressauts que provoquent dans les ensembles hétérogènes les variations de dureté ; les crêtes prennent un profil convexe intermédiaire entre la raideur des versants de calcaire dur et la douceur des versants argileux. Le versant N.-E. des vallées exposé aux vents et aux pluies du S.-W. qui les frappent perpendiculairement et à la chaleur du soleil qu'il reçoit en plein midi descend en pente raide et dénudée vers le fond de la vallée, tandis que le versant opposé mieux protégé contre l'attaque de pluies et le souffle des vents conserve sur ses flancs un épais placage de terrains meubles et s'allonge en une pente très douce, à partir d'une crête plus ou moins dentelée par de nombreux ravins. Ces pentes des vallées ou des vallons présentent enfin des *rideaux*, ressauts brusques dont les talus escarpés interrompent les pentes régulières des versants et leur donnent parfois, quand ils sont nombreux, l'aspect de gigantesques escaliers. Leur origine peut être, suivant les points, tectonique, humaine ou due à ces deux causes réunies et combinées.

Souvent, au sommet des croupes nues et arides de la craie, on voit de loin se détacher une couronne boisée ; cette apparition de la fraîcheur et de la verdure dans le paysage monotone et sec révèle la présence de l'argile à silex sur le bord des plateaux : c'est elle qui différencie, par exemple, un pays frais comme le Vimeu, d'un pays sec comme le Santerre et qui donne à la région entre Beauvais et Poix ses caractères spéciaux.

Quant aux témoins de l'ancienne couverture tertiaire, ils se montrent aussi dans la topographie et le paysage sous forme de tertres, de buttes, de monticules isolés, autrefois tous boisés, aujourd'hui presque toujours accompagnés de villages cachés dans un bouquet d'arbres, entourés de jardins et de vergers et qui constituent pour ainsi dire de véritables oasis éparses sur la craie. C'est ce que l'on rencontre au sud de la crête de l'Artois, comme au nord par exemple dans tout l'arrondissement de Cambrai. C'est qu'en effet partout où la craie blanche affleure avec sa couverture de limons, les caractères de la plaine picarde se retrouvent, et en outre, on passe insensiblement soit des plaines crayeuses d'Arras et de Cambrai aux pays miniers de Béthune, de Lens et de Valenciennes, soit de la Picardie, région de craie blanche à la Thiérache, pays de craie marneuse et par suite humide et frais.

Au nord de la crête de l'Artois et de son prolongement oriental s'étend la région du Nord proprement dite, qui nous intéresse plus spécialement, puisque c'est à elle qu'appartient le département du Nord pour sa plus grande partie. Cette région, où s'étale presque partout un manteau de terrains tertiaires, s'incline vers le nord alors que la région parisienne s'incline, au contraire, en sens inverse. A partir de la Sambre, ces deux régions comme nous venons déjà de le faire remarquer, s'adossent directement l'une à l'autre, sans intermédiaire. Aussi, de la Sambre à l'Escaut, comme dans la région au sud de Lille où les terrains crétacés marneux et crayeux affleurent, on aura des régions naturelles comme le *Cambrésis*, la *région de Douai*, intermédiaires entre la région du

Nord et la Picardie. Plus au nord, c'est le *Hainaut*, le *Brabant*, puis la *Flandre* proprement dite et enfin sur le bord de la mer, la *Plaine maritime*.

Si toute cette région du Nord a été, ce qui est probable, plissée comme le bassin de Paris, ces plis ne se manifestent pour ainsi dire pas dans la topographie et l'hydrographie actuelles. Cependant, on a remarqué que la Lys, l'Escaut d'Audenarde, la Dendre, la Senne étaient situées à des distances à peu près équivalentes et que les synclinaux tertiaires occupés par les vallées de la Scarpe et de la Deûle paraissent correspondre à un léger vallonnement de la craie ; on peut donc se demander si les terrains tertiaires des Flandres n'ont pas eux aussi présenté des ondulations synclinales presque nord-sud qui auraient déterminé l'emplacement des rivières conséquentes primitives.

Le fait le plus évident c'est que le mouvement de bascule très important qui a provoqué le plongement au N.-E. de la région du Nord, a permis aux dépôts sédimentaires récents de masquer, jusqu'au voisinage de l'Artois, ces ondulations de la craie et que toute la topographie et l'hydrographie dérivent de cette disposition en pente douce des terrains vers le N. N.-E.

Une première conséquence est la division du territoire du Nord en régions où apparaissent des terrains de plus en plus anciens, à mesure qu'on s'éloigne de la mer, donnant naissance à des régions naturelles plus ou moins nettement individualisées : c'est d'abord la *Plaine Maritime* avec ses terrains quaternaires et récents, puis la *Flandre*, le *Brabant*, où affleurent surtout les terrains tertiaires argileux ou sableux, le *Hainaut*, où le substratum primaire pointe çà et là, surtout dans les vallées des rivières actuelles, enfin, la région orientale, crétacée jusqu'à la Sambre, primaire entre la Sambre et la Meuse.

La Plaine Maritime. De Sangatte à Anvers, sur une largeur d'une douzaine de kilomètres, le long de la côte, la région du Nord présente l'aspect d'une plaine basse, en presque totalité au-dessous du niveau de la mer dont elle n'est séparée que par un cordon de dunes, au sol gris ou noirâtre, à peine desséché. Cette plaine coupée d'innombrables fossés ou canaux, plantée de rares arbres tordus, s'étend du côté de la terre pour ainsi dire à l'infini jusqu'aux arbres du Houtland (Haut Pays), tandis que vers la mer l'œil s'arrête sur une rangée de dunes blanches irrégulières, ou sur le profil vert d'une digue.

Ce pays découvert (*Bloote, Blooteland*) ce *Pays-Bas* qui devient la terre des Polders aux environs d'Anvers, constitue une région à forte humidité, dont certaines parties comme les *Moëres*, formaient il y a encore peu d'années de grands marécages, et où les rigoles et les canaux (*Wadden*, *Watten*, *Watteringhes*, *Watergang*) sont nombreux. C'est un pays véritablement semi-aquatique, au sous-sol formé par des terrains récents (sables et argiles d'origine marine, argile des polders, tourbes), ancien fonds de mer très récemment exondé que la mer semble toujours prête à réoccuper, et qu'il faut à grande peine protéger contre elle. De plus, comme elle reçoit toutes les eaux du bassin de l'Escaut et de l'Aa, l'homme doit expulser l'eau douce qui sans cela inonderait complètement toute la plaine maritime.

Les dunes qui la limitent et la protègent du côté de la mer, s'élèvent derrière l'estran de sable fauve, large parfois de deux kilomètres, et ont régularisé les inégalités primitives de la côte. Sur leur bord intérieur, de Calais à Kadzand, s'étend une ligne ininterrompue de maisons basses (pour ne pas donner prise au vent), aux toits de tuiles rouges, soigneusement repeints et rejointoyés tous les ans, descendant du côté du large presque jusqu'au sol, aux murs repeints chaque année en blanc ou en jaune et aux volets verts et dont la présence s'explique par ce fait, que, dans cette région de la dune, on peut y circuler presque en toute saison, et qu'on y trouve une nappe d'eau potable ayant filtré à travers les sables de la dune.

Du haut d'une des grandes dunes qui avoisinent la Panne, la plaine maritime apparait sous l'un de ses aspects les plus caractéristiques (1).

« De grandes étendues de guérets noirâtres ou gris ; çà et là des pâtures ; pas la moindre éminence à laquelle puisse s'attacher le regard. Des lignes de saules bas qui suivent les fossés, quelques massifs de peupliers fortement inclinés au S-E ; et derrière ce mince écran les constructions basses des grandes fermes. Les maisons sont rares, surtout les petites. On aperçoit peu d'habitants, parfois une bande de trente à quarante personnes de front occupées à un sarclage ou à un binage. Ce qui anime le plus le paysage, ce sont les mouvements lents des bêtes sur les pâtures. Le soleil fait briller la ligne blanche d'un watergand et sortir de lointains brumeux des clochers sévères. . . . . Les villages se composent de grosses fermes éparses et de hameaux le long des canaux. Les villes (Furnes et Bourbourg) y sont rares. A la limite de la plaine maritime et de l'intérieur, plus nombreuses elles constituent des points d'échange entre deux régions différentes ; toutes se ressemblent et ont l'air assoupi : elles sont en pleine décadence par suite de l'absence d'industrie.

La Flandre. — Le sol de la Flandre proprement dite est en général très plat et très peu accidenté. Ce sont presque toujours de vastes plaines où l'œil n'aperçoit que de rares élévations qui se rattachent aux terrains avoisinants par des pentes presque insensibles. C'est le terrain tertiaire (Yprésien), l'argile des

(1) Blanchard. — La Flandre, p. 263.

Flandres, qui constitue la plaine et les quelques ondulations atteignant l'altitude de 45-50 m. Les vallées souvent très larges ont un sol uniformément plat s'élevant rarement à plus de 20-25 m. De Watten à Courtrai et à Tournai, la Flandre présente quelques petites éminences que l'on a décorées du nom de *Monts* « Le *Mont Cassel*, le *Mont des Cats*, le *Mont Noir* » etc., s'alignent suivant une direction W.-E. perpendiculaire à la direction des rivières, parallèle aux ondulations de la craie dans la région parisienne. Il ne paraît pas douteux qu'elles ne constituent les restes démantelés d'une "cuesta" dont l'argile des Flandres constitue le socle et les grès et sables diestiens le sommet et la couche plus dure protectrice des sables éocènes sous-jacents. Les sommets de ces collines devaient constituer lors de l'établissement du réseau hydrographique, les points bas de la surface structurale : que cette surface soit une pénéplaine, comme le suppose M. Briquet, ou non.

Le sol des Flandres argileux et humide est constitué par une nappe épaisse et fertile de limon à la fois terre à briques et terre à betteraves. Les cultures s'étendent à perte de vue, sans que l'œil soit arrêté par d'autres obstacles que les grandes cheminées des usines ; les rivières serpentent comme à l'aventure au milieu de plaines sans fin où s'éparpillent les maisons entourées de pâtures et de haies : c'est le paysage que l'on a déjà de Lille à Armentières, entre la Deûle, la Marque et la Lys, dans les anciens petits pagi de la Weppes et du Ferrain et au-delà dans toute la Flandre flamingante.

Au Sud de Lille, au contraire, le paysage change : la vue s'étend sur des champs nus de terre brune, séparant des villages bien groupés autour d'arbres comme en Picardie : la silhouette de nombreux moulins à vent accentue encore le vide de ce paysage découvert, au sol constitué par la craie avec sa couverture d'ergeron et de terre à briques, et cultivé surtout en céréales et en betteraves à sucre.

Ce bombement crayeux du Sud de Lille se rattache d'un côté, au S.-W. par la *Gohelle* à la Picardie ; à l'Est il s'étend jusque près de Tournai, qui, comme Lille se trouve à la frontière de la Flandre ; au Sud, cette région crayeuse est interrompue par la *Pévèle*, butte de 121 m. d'altitude maxima due à un petit lambeau de terrains tertiaires inférieurs, sableux et argileux, occupant une dépression de la craie, puis l'*Ostrevent*, où la craie est encore recouverte d'une couche assez épaisse de sables, passe insensiblement au *Cambrésis*, où nous retrouvons déjà tous les caractères de la plaine Picarde, caractères qui vont aller en s'accentuant dans l'*Arrouaise*, région comprise entre Cambrai et Péronne.

Cambrésis, Gohelle, Ostrevent occupent justement l'emplacement de l'ondulation transverse qui affecte en cet endroit les ondulations N.W.-S.E. du Bassin de Paris.

Le Brabant. Au Nord de la Flandre, en Belgique, le Brabant se distingue surtout parce qu'un manteau de limon épais couvre le tertiaire et que la moindre dénudation de ce manteau de limon et de sables éocènes laisse apparaître un substratum continu de formations primaires en couches schisteuses ou marmoréennes redressées.

A l'Est du Cambrésis et de l'Ostrevent, le *pays de Valenciennes et de Landrecies* peut être considéré en quelque sorte comme le *Hainaut français*.

Dans le **Hainaut** le substratum ancien d'âge hercynien, relevé par le mouvement de bascule qui a affecté tout le Nord et par l'effet de l'ondulation anticlinale de l'Artois, et, d'autre part, n'ayant été recouvert que d'un manteau sédimentaire peu épais, apparaît amené au jour par l'érosion dans maintes parties du Hainaut belge (Borinage) et se tient à très petite distance de la surface topographique dans le Hainaut français. Ce dernier est encore cependant surtout un pays de craie et de limons avec de fraiches vallées creusées dans les assises marneuses du Turonien et du Cénomanien et il établit dans le paysage une transition graduelle de la Picardie à la Flandre d'une part, et à la Thiérache de l'autre.

Le reste du département du Nord est tout différent de ces régions, Plaine Maritime, Flandre, Hainaut et parties crayeuses que nous venons de passer en revue. La topographie y est beaucoup plus accidentée en même temps qu'affleurent et prédominent les schistes, grès et calcaires des terrains primaires. C'est le **pays d'Avesnes et de Maubeuge** qui prépare en quelque sorte l'Ardenne. Ce pays d'Entre Sambre et Meuse, grâce à l'altitude relativement faible du sol, forme un territoire beaucoup moins déshérité que les Fagnes ou les Riézes de Rocroi et de Chimay. Le sol en est agréablement accidenté, bien vallonné, couvert de bois les uns très maigres quand le sol est constitué par les terrains primaires peu altérés, les autres plus fournis lorsque les schistes sont recouverts d'un épais manteau de limons. Ces limons sont sans doute le dernier résidu de la destruction des sables argileux tertiaires autrefois répandus sur les terrains primaires et dont il ne reste plus aujourd'hui que des lambeaux épars çà et là.

Des étangs s'y succèdent encadrés par ces bois et alimentent les sources de l'Oise et de la Haute-Sambre.

A l'Ouest et au Sud-Ouest, à mesure que le sol s'abaisse, les pâturages enclos de haies prennent la place des forêts, et ainsi s'établit une transition continue de ce pays à la *Thiérache*, au sous-sol constitué par les diêves turoniennes affleurant sous le conglomérat à silex.

Les Rivières du Nord de la France

Les rivières du Nord appartiennent, pour ainsi dire toutes, soit au Bassin de l'Escaut soit au bassin de la Sambre-Meuse. Sauf l'Yser qui arrive d'ailleurs à la mer par un coude brusque qui paraît bien être un coude de capture récente, les rares rivières du Nord qui aboutissent directement à la mer sont de peu d'importance et le plus gros du débit est fourni par le trop-plein des polders et des wadden.

Bassin de l'Escaut Toutes les rivières du Bassin de l'Escaut : La Lys, l'Escaut, la Dendre, la Senne, la Dyle, le Haut-Demer et, à l'Ouest la Haute-Aa, qui va se jeter directement dans la mer du Nord à Gravelines, présentent une direction commune voisine du N. N. E., c'est-à-dire très sensiblement parallèle à la côte. Leur direction, sensiblement perpendiculaire à la direction des fleuves côtiers du Bassin de Paris, est donc contradictoire avec la pente moyenne de la surface topographique actuelle laquelle s'incline au N.-W. vers la mer du Nord [1]. Les toutes petites rivières de la région maritime : la Hamer, la Hem, l'Aa, l'Yser, la Waerdamme ne coulent pas de leur origine à leur embouchure en ligne droite, mais présentent toutes dans leur partie supérieure un cours parallèle au littoral avant de se diriger par un coude plus ou moins brusque franchement vers la mer. Cette direction N.N.E. se retrouve aussi sensiblement dans l'Ourthe et la Meuse en aval de Liège.

Cette orientation commune de tous les cours d'eau ne peut être un effet du hasard mais bien plutôt un héritage du passé, conforme à la direction primitive qu'ont prise ces rivières au moment de l'émersion du continent qu'elles drainent. Et toutes ces rivières du Bassin de l'Escaut, ainsi que les sections supérieures des rivières côtières, dérivent de cours d'eau *conséquents* par rapport à l'inclinaison générale des couches tertiaires et qui se sont développées au fur et à mesure du retrait de la dernière mer qui a largement recouvert la région du Nord : la mer du Pliocène inférieur (Diestien).

---

(1) Ch. de La Vallée-Poussin. — La géographie physique et la géologie. *Bull. Acad. Roy. de Belgique* (3) XXXII, 12, pp. 925-936, 1896.

A l'Ouest de la Lys, en même temps que les cours d'eau deviennent rares et peu importants, l'érosion fluviatile augmente d'importance. La dénudation des terrains tertiaires, dont l'altitude actuelle des dépôts diestiens des Noires-Mottes (141m) et de Cassel (158m) permet de mesurer l'importance, a donc due être provoquée par un cours d'eau important, qui continuait le système des rivières parallèles à l'Escaut. Ce cours d'eau devait se trouver sur l'emplacement actuel de la mer du Nord dont le fond présente tous les caractères topographiques d'une ancienne vallée submergée parallèle à la vallée de l'Escaut.

En dehors du Bassin de l'Escaut, nous constatons aussi que l'écoulement général des eaux de l'Entre Sambre et Meuse, du Condroz et de l'Ardenne se fait également suivant une direction voisine du Nord, mais que tous les thalwegs ouverts dans les terrains primaires, dans des directions presque partout en contradiction avec celles du plissement des couches, viennent aboutir « au profond sillon qui suit comme un fossé de fortification le talus de l'Entre Sambre et Meuse du Condroz » (1). Ce sillon W.S.W.-E.N.E., prolongement du sillon de l'Oise, et qui interrompt brusquement toutes les rivières conséquentes venues du Sud ne reçoit du Nord que des rivières insignifiantes, tandis que grâce à la Meuse il draine une vaste région qui s'étend à 290 kilomètres au Sud de Namur jusqu'aux limites du Bassin de la Méditerranée. Il présente un caractère *subséquent* par rapport à la surface structurale ancienne des terrains tertiaires, mais il est orienté conformément à l'orientation des plissements primaires et est même superposé au plus important de ces plissements : son origine est d'ailleurs postérieure, comme nous le verrons, à l'établissement du système conséquent.

Un autre trait des rivières du Bassin de l'Escaut est que les plis du sous-sol primaire ou secondaire, orientés perpendiculairement à la direction commune des cours d'eau, ne font absolument pas sentir leur présence sur cette direction. Dans plusieurs vallées ; celle de l'Escaut de Hollain à Tournai, de la Dendre, de la Senne, etc., et même dans celles de plusieurs de leurs affluents, l'érosion a amené les thalwegs à entamer parfois assez profondément le soubassement primaire. Dans ce cas ils recoupent en travers les couches primaires sans que leur direction générale en soit influencée. Ces portions de vallées sont donc nettement *épigénétiques* et *surimposées*. La carte topographique ne permettrait

(1) J. C. Houzeau. « Essai d'une géographie physique de la Belgique, 1854.

pour ainsi dire pas de distinguer ces tronçons des parties où ces vallées sont exclusivement creusées dans le tertiaire ou le crétacé. Ce caractère de surimposition de la vallée est aussi particulièrement net pour la Meuse dans sa traversée de l'Ardenne.

Si, d'autre part, nous remarquons que les tronçons supérieurs des petits fleuves côtiers, de même que les cours principaux des affluents méridionaux de l'Escaut actuel ainsi que l'Ourthe-Meuse de Barvaux jusque vers Maëstricht, présentent une orientation absolument d'accord avec les lignes de plus grande pente de la nappe des dépôts diestiens, il deviendra encore plus légitime de les considérer comme des représentants des cours d'eau conséquents qui se sont développés au fur et à mesure du retrait de la mer diestienne et c'est au même système de rivières conséquentes que — faisant abstraction du sillon de la Haine et du fossé de la Sambre-Meuse — que nous rattachons les affluents méridionaux de ces deux collecteurs. Il est cependant certain, d'après l'histoire géologique de notre pays — et comme M. Cornet l'a déjà fait remarquer — qu'il existe, en particulier dans la région ardennaise où le littoral de la mer diestienne est resté le plus éloigné de la crête orographique et où les surfaces topographiques sont mieux conservées à cause de la nature des roches primaires, des restes des vallées qui ont drainé ces territoires dès le retrait des dernières mers tertiaires (landénienne, oligocène, miocène) qui ont affecté cette région. Ces surfaces topographiques anciennes, encore mal connues, sont d'ailleurs en beaucoup de points, en rapports plus ou moins étroits avec la topographie et les vallées actuelles; il doit en être de même au contact de la région du Nord proprement dite et de la région du Bassin de Paris.

Nous arrivons donc, en dernière analyse, à nous représenter l'hydrographie de notre région, après le retrait de la mer diestienne, la dernière qui ait largement recouvert la région du Nord, comme constituée par des cours d'eau conséquents avec la pente générale vers le Nord des dépôts tertiaires en voie d'exondation et dont plusieurs ont acquis par suite des progrès de l'érosion soit seulement sur une partie de leur cours (Escaut, Dendre, Senne, etc.), soit sur toute l'étendue de leur cours actuel (Petite-Helpe, Rivièrette, Grande-Helpe, Eau d'Heure, Hoyoux, Ourthe) un caractère épigénétique attestant l'ancienneté de leur direction.

Mais ce système conséquent primitif se présente aujourd'hui plus ou moins modifié à la fois par l'évolution habituelle d'un réseau hydrographique (captures etc.) (1) et aussi par des traits spéciaux, par la présence de vallées en quelque sorte anormales la Haine, la Sambre-Meuse pour lesquelles M. Cornet a proposé : le nom de rivières *transséquentes*. Les premières rivières conséquentes croisaient, sur un revêtement tertiaire, l'emplacement actuel de ces deux vallées ; on trouve, en effet, avec des surfaces topographiques continues au Nord et au Sud, au Nord de ces vallées des matériaux d'origine fluviatile provenant des régions situées au sud et dont il serait impossible d'expliquer le transport dans l'état actuel des choses, état actuel qui a dû prendre naissance pour la vallée de la Haine plus septentrionale, lorsque le drainage était déjà assez avancé et lorsque l'érosion avait déjà atteint le crétacique et même le primaire. Ces vallées transséquentes, conformes à la direction des plissements primaires, paraissent donc être dues à un réveil de l'activité orogénique à la fin des temps tertiaires et dans les temps quaternaires, ayant donné naissance à ces vallées d'origine synclinales qui ont recoupé transversalement un système de rivières conséquentes préexistantes en absorbant les tronçons d'amont et produisant par suite des phénomènes de capture de nature assez spéciale.

Jusqu'où s'étendait au nord ce réseau hydrographique primitif, il nous est impossible de le dire, puisque nous ne savons pas jusqu'où a reculé la côte de la mer diestienne. Ce que nous pouvons dire c'est que les oscillations de la mer : transgression à l'époque scaldisienne (sables à *Fusus contrarius*) suivie d'une régression ; transgression plus importante à l'époque poederlienne qui a permis à la mer de recouvrir vraisemblablement toute la partie de la province d'Anvers située au nord de la ligne Demer, Dyle, Rupel et le Nord de la Flandre ; ont forcé les cours d'eau conséquents à s'allonger et à se raccourcir, par suite à creuser ou à remblayer leurs vallées à plusieurs reprises et que tous les cours d'eau qui se trouvent au Nord de la ligne précédente ne peuvent pas être plus anciens que le retrait de la mer poederlienne.

A la fin des temps pliocènes (Amstéliens) la mer recouvrait encore une partie des Pays-Bas jusqu'au voisinage de la Belgique ; le mouvement de retraite s'accentue jusqu'à l'époque des couches à *Leda myalis*, des couches de Cromer,

(1) Ex. : L'Aa dont nous parlons plus loin ; le Haut Escaut qui, après Condé continuait autrefois de couler vers le N.N.E. et a été capté par l'Escaut d'Audenarde et aurait permis à une rivière obséquente, celle du Moulin de Maron, de prendre naissance ; la branche supérieure de l'Escaut représentée par l'Espierre et la Deûle auraient été détournés plus tard par un affluent de la Lys, qui aurait en même temps capté la Marcq ; plus loin les différentes captures dont la Meuse Lorraine a été victime sont bien connues, de même la Haute-Sambre. Enfin la crête orographique primitive a été entamée en une foule de points en Picardie et en Artois.

car des galets ardennais ont pu être charriés jusque sur la côte de Norfolk.

Les côtes de la mer en voie de régression étaient, dans la région flamande, sensiblement W-E, tandis que dans la partie orientale elles se recourbaient vers le N.-E. pour prendre sur le territoire hollandais, une direction voisine de S.-N. imposant aux rivières conséquentes dans cette région — au moins avant l'arrivée des glaciers — une direction sensiblement E-W.

A l'extrême fin du Pliocène le retrait de la mer du Nord, à plus de 200 kilomètres de la côte actuelle, l'émersion de la Hollande, forcèrent les cours d'eau de notre réseau hydrographique peut-être jusque là peu actifs, à cause du voisinage du niveau de base et de la nature de plaine côtière sur laquelle ils s'étaient installés, à acquérir une activité extraordinaire, à creuser profondément leurs vallées, puis à transporter vers l'aval les sables moséens de la Campine qui reposent partout, comme l'a montré Van Ertborn, sur la surface du Poederlien et marquent ainsi ce qui nous reste de la plaine côtière pliocène. Les éléments de ces sables proviennent surtout des couches tertiaires érodées. C'est de cette époque que doit dater le grand balayage des sables tertiaires de la région ardennaise et que les rivières commencèrent à mordre le substratum primaire, à s'épigéniser amenant à la surface du Moséen les nappes de cailloux ardennais des plateaux de la Campine.

Sur l'emplacement actuel de la mer du Nord s'étendait un fleuve, le fleuve de la mer du Nord dont la Tamise, la Twine, l'Aa, la Lys, l'Escaut, la Meuse, le Rhin, l'Ems, le Weser étaient les affluents. L'Aa en particulier paraît avoir été détourné de la direction conséquente que présente son cours supérieur, une première fois vers la Lys par la vallée de Neuf-Fossé, avant l'épanouissement de l'époque du Mammouth, puis une seconde fois par un affluent particulièrement actif, de ce fleuve de la mer du Nord qui a détourné successivement à son profit la haute vallée de l'Yser et un peu plus tard la vallée de l'Aa dont le coude à Saint-Omer s'explique ainsi.

Quant aux segments inférieurs des autres petits fleuves côtiers, l'Yser, la Waardamme, etc., ils nous paraissent, jusqu'à plus ample informé, être d'origine beaucoup plus récente et dater soit de la régression de la mer flandrienne, ou peut-être même en partie du recul de la côte postérieurement à l'irruption de la mer qui au IIIe siècle est venue étendre des sables à coquilles marines sur la tourbe de la plaine littorale.

L'ouverture du Pas-de-Calais (probablement à l'époque du Renne, à la fin du pleistocène) les mouvements de date plus récente expliquent le remblayage des vallées creusées bien au-dessous de leur niveau actuel et de celui de la mer, puis le recreusement des vallées actuelles dans leurs propres alluvions ainsi que les importantes modifications éprouvées par le littoral de la mer du Nord.

Le relèvement du niveau de base, qui a déterminé le grand remblayage de presque toutes nos vallées, s'est fait sentir plus ou moins profondément sur toutes nos rivières en changeant leur régime; aussi le profil en long du lit creusé dans la roche vive est inachevé dans les parties hautes, comme le montre les profils en long ou en travers.

Il suffit de jeter un coup d'œil sur le tracé du cours de l'Escaut actuel pour se rendre compte qu'il ne peut être que la synthèse d'éléments forts divers, surtout dans sa partie inférieure. Les recherches des géologues belges ont montré que, pendant une bonne partie de la période pleistocène, la Lys et l'Escaut supérieur se jetaient séparément dans un golfe où venait aboutir également une rivière de direction E-W qui, comme le Ruppel actuel, recevait toute une série d'affluents conséquents, ancêtres de la Dendre, de la Senne et de la Dyle. C'est une partie du lit de ce Ruppel primitif, de Gand à Terremonde, que l'Escaut actuel a empruntée en la suivant à contre sens.

Pendant que s'effectuaient ces modifications successives dans la région du Bas-Escaut, l'érosion regressive agissait dans les parties supérieures du bassin et, avec des épisodes divers, l'avantage est resté à l'Escaut dont le cours s'est avancé par régression au-delà de l'axe anticlinal de l'Artois, annexant ainsi à son domaine une partie de la région parisienne; le contraire se produisait comme nous l'avons vu pour la région de la Sambre, et d'une façon générale pour la région de la Meuse.

LES COURS D'EAU SUBSÉQUENTS

Les circonstances dans lesquelles se sont développées les rivières de notre région, au nord des collines de l'Artois, se rapprochent beaucoup des conditions théoriques que l'on suppose ordinairement dans l'étude générale de l'établissement d'un réseau hydrographique sur une plaine côtière absolument typique: les cours d'eau conséquents dirigés suivant la ligne de plus grande pente s'allongeant au fur et à mesure du retrait de la mer, et dont des tronçons importants se sont conservés jusqu'aujourd'hui. En même temps, des affluents subséquents, selon un mécanisme souvent décrit, sont venus s'embrancher sur les troncs de premier ordre. Malgré les modifications que les progrès de l'érosion ont amenées dans la topographie du pays et les phénomènes divers qui ont tendu à diversifier l'aspect primitif du réseau hydrographique, celui-ci a conservé dans bien des régions, et d'une façon frappante, ses caractères embryonnaires.

L'examen des différents bassins conduit en outre aux remarques suivantes qui s'appliquent à presque toutes les régions du bassin de l'Escaut. Les bassins de la plupart des rivières subséquentes, sont assymétriques, les affluents de gauche, c'est-à-dire les affluents méridionaux, sont longs, parallèles aux troncs conséquents et on peut les appeler des *troncs conséquents secondaires*. Au contraire, sur la rive droite, c'est-à-dire au nord de la rivière subséquente, le versant est étroit, en pente notablement plus rapide, et les affluents y sont courts. Ces particularités s'expliquent aisément : en effet, la partie sud du bassin des rivières subséquentes correspond au *plat* des couches tertiaires lentement inclinées vers le nord, tandis que la partie septentrionale présente la tranche de ces couches tertiaires et les ruisseaux y sont en quelque sorte anaclinaux.

Quelques affluents méridionaux de rivières subséquentes semblent être dans le prolongement l'un de l'autre, et la ligne qui passe de l'un à l'autre est parallèle aux troncs conséquents principaux. Ces ruisseaux représentent probablement des rivières conséquentes primaires, morcelées par des captures opérées par des rivières subséquentes, affluents d'un cours d'eau plus actif. Par contre, dans le bassin de la Lys, à l'ouest, un cours d'eau conséquent secondaire a capturé le cours supérieur subséquent de la Mandel et la menait naguère dans la Lys près de Gothem.

Beaucoup de rivières subséquentes forment avec le tracé du tronc conséquent principal un angle aigu vers l'aval, si elles s'y jettent par la rive droite, et un angle aigu vers l'amont, si elles rejoignent ce tronc par la rive gauche. M. Cornet l'interprète ainsi :

Les rivières conséquentes de 1er ordre (Lys, Escaut, Dendre), coulent vers le N.-N.-E. Celles des rivières subséquentes qui sont perpendiculaires à ces troncs conséquents primitifs sont les plus anciennes et sont nées sur la nappe pliocène aujourd'hui dénudée. Cette nappe pliocène recouvrait un substratum de couches éocènes qui ne sont pas inclinées dans le même sens que le Diestien, mais dans une direction très voisine du Nord. Dès que, par suite des progrès de l'érosion, le terrain éocène s'est trouvé mis à nu, il a influencé par son inclinaison, l'orientation des affluents des troncs conséquents. Ainsi sont nés des cours d'eau subséquents de direction sensiblement E.-W. formant donc des angles obliques avec les rivières conséquentes et qui sont souvent les affluents les plus importants de ces rivières conséquentes.

Ces dernières, de même que leurs affluents perpendiculaires, nés sur une nappe inclinée vers le N.-N.-E., sont donc en quelque sorte surimposées par rapport aux dépôts éocènes, alors que les affluents obliques sont établis conformément à la pente de l'éocène. Sur cet éocène mis à nu, il a pu aussi prendre naissance des cours d'eau conséquents secondaires coulant du S. au N. et affluents de rivières subséquentes ou des troncs conséquents de premier ordre.

Les terrains du bassin des Flandres étant surtout constitués par des sables et des argiles se prêtent mal à la formation parallèlement aux cours d'eau subséquents de reliefs (*cuestas* ou *côtes*) à pente douce du côté du pendage des couches, à pente plus rapide correspondant à la tranche. Pourtant étant donnée la dissymétrie si fréquente que présentent les profils transversaux des vallées subséquentes, il en résulte que les reliefs qui séparent ces cours d'eau, présentent vers le Nord un versant en pente douce répondant au plat des couches, et vers le Sud un versant plus rapide correspondant à leur tranche.

Ce serait aussi à une cuesta démantelée (1) que seraient dues les collines des Flandres qui constituent des reliefs si curieux au milieu de la plaine des Flandres. Ces collines, que l'on peut faire débuter au mont de Watten (72m), du Mont de Cassel (158m), Mont des Cats (148m), Mont Noir (152m), Mont Kemmel (156m) des collines de Renaix, de Grammont, Mont de Castre, etc., ne sont que les parties culminantes d'un relief dont une étude attentive permet de prouver les traits et de trouver l'origine.

Les pentes, relativement douces vers le Nord dans le sens de l'inclinaison des couches et à déclivité plus rapide vers le Sud, du côté du fossé subséquent qui longe le pied de l'escarpement présentent tous les caractères d'une cuesta.

Cette cuesta était limitée par des cours d'eau subséquents obliques dont l'orientation est régie par le sens de l'inclinaison de l'éocène, sa direction générale est parallèle à celle des cours d'eau, c'est-à-dire qu'elle doit être E.-W.

Ainsi s'explique, tout naturellement, l'orientation des collines flamandes, sur une ligne presque exactement E.-W., sans qu'il soit besoin, pour comprendre cette disposition nécessaire de faire appel à des causes profondes : fissure du sol orientée comme le système du Tatra, d'Elie de Beaumont, par où seraient sortis du sable, des matières ferrugineuses (J. d'Omalius d'Halloy, 1842), fissure

(1) Sculptée profondément par l'érosion.

du sol ayant donné naissance seulement aux sables diestiens (J. C. Houzeau, 1854), anticlinal hypothétique du substratum primaire parallèle aux plis du bassin de Paris (G. Dollfus, 1900), synclinal post pliocène et inversion de relief (A. Briquet, 1906).

*
* *

Un autre trait du réseau hydrographique du Nord de la France est le suivant : toutes les rivières situées au Nord de la Sambre-Meuse, interrompent brusquement leur cours conséquent vers le N.N.E. : la Lys et l'Escaut à Gand, la Dendre à Termonde pour former l'Escaut actuel des Géographes, la Senne en aval de Malines, la Dyle en amont, la Gette près de Diest et le Haut Demer à Hasselt pour former une branche E.W. qui vient grossir la branche W.E. descendue de Gand, près de Rupelmonde et former l'Escaut d'Anvers. Les anciens Géographes l'expliquaient par une faille miocène parallèle à celle des collines de Flandre. Cette disposition très remarquable qui rappelle celle d'un arbre taillé en espalier n'est pourtant que celle qui se présente normalement dans l'évolution d'un réseau hydrographique à la surface d'une plaine côtière régulière pendant que se fait un abaissement continu du niveau de base comme l'ont montré W.-M. Davis et J.-C. Russell (1). Des cours d'eau conséquents, s'embranchant les uns dans les autres à mesure du retrait de a mer, engendrent un tronc important. Des affluents subséquents de ce tronc puissant poussant leur tête vers l'amont arrivent à capter des rivières conséquentes voisines parallèles au tronc principal, tel l'Escaut de Wetteren allant capturer l'Escaut d'Audenarde et la Lys de l'autre côté, la Dyle de Malines allant capturer la Dyle de Louvain, de la Gette et du haut Demer. Dans cette explication les affluents septentrionaux du tronc transversal Rupel-Dyle-Demer peuvent être considérés, comme l'a proposé M. Lohest, comme dérivant de rivières obséquentes.

Cette structure en espalier peut servir à expliquer une foule de détails du bassin hydrographique de l'Escaut.

Lorsque la mer flandrienne (quaternaire supérieur), marchant de l'Est vers l'Ouest est venue envahir la portion septentrionale de notre région, elle y a trouvé un système de vallées presque identiques aux vallées actuelles (2) et s'est conten-

(1) Voir fig. in Lapparent. Traité de Géographie physique.

(2) L'Escaut se jetait non dans la mer du Nord, mais dans la Meuse : à l'époque moderne il passait par Anvers puis par l'Eendracht pour aller à la Meuse, c'est ainsi que César l'a vu. L'invasion marine du Ve siècle atteint Anvers, et l'Escaut profite, lors du retrait de la mer, des deux criques creusées par la mer, qui constituent ce que l'on appelle l'Escaut oriental et occidental.

tée de mouler en quelque sorte avec ses sables ces anciennes vallées : l'Escaut d'Anvers serait d'origine plus récente que cette transgression marine d'après les observations de M. Rutot, et se continuait autrefois vers le Nord en suivant le tracé de l'Eendracht par Tholen, etc. Les bouches actuelles de l'Escaut ne sont que le résultat d'inondations marines qui sont venues capter très récemment l'Escaut d'Anvers.

*
* *

Au sud de la Sambre-Meuse, dans la partie primaire du sud de la Belgique existent d'autres vallées subséquentes alignées E.-W. et qui sont en relation évidente — surtout dans le Condros — avec les plis paléozoïques. Plus exactement ces vallées se sont installées au-dessus des synclinaux du sous-sol primaire, parce que la partie axiale de ces synclinaux est occupée par des calcaires dont l'érosion plus facile a amené la formation de dépression du sol coïncidant nécessairement avec l'axe des synclinaux ; quelquefois cependant aussi avec une bande calcaire monoclinale (ruisseau de Tailler) ou même avec un anticlinal. Il y a donc eu surtout, d'après M. Cornet, adaptation des affluents des rivières conséquentes S.N. (qui ont pris naissance à la surface des terrains tertiaires aujourd'hui démantelés), au sous-sol primaire que la marche de l'érosion mettait progressivement en évidence ; ce sous-sol primaire auquel se sont surimposés les cours d'eau conséquents importants a pu aussi influencer quelques-uns de ces cours d'eau là, (ruisseaux de Saweson, de Malonne, de Falisolle).

Les cours d'eau transséquents : la Haine et la Sambre-Meuse. — Dans la plus grande partie de son cours la Sambre coule à la jonction de l'Ardenne et du Brabant dans un sillon rectiligne qui se continue dans la vallée de la Meuse entre Namur et Liége et dans le bassin de Paris par le sillon de l'Oise.

La vallée de la Haute-Sambre présente en effet avec celle de l'Oise des rapports géographiques sur lesquels M. Gosselet dès 1881, M. Dollfus en 1900 ont attiré l'attention. Ce dernier prolonge jusqu'à Landrecies son axe du Loir, lequel plus au Sud correspond à la Vallée de l'Oise et celle ci semble bien d'après des observations récentes, être due à une ondulation synclinale des terrains tertiaires. Les captures que l'Oise a effectuées d'après M. Briquet (1) dans l'ancien bassin de la Sambre nous amènent à émettre cette hypothèse que s'il ne peut être question d'une Sambre pré-tertiaire, lorsque la mer diestienne est venue recouvrir la

(1) Lorsque la terrasse de 40 mètres s'était formée et avant la terrasse de 30 mètres de l'Oise.

région au Nord et au Sud de la Sambre actuelle, elle devait recevoir une Sambre préplioeène née dans la région de la Haute Oise actuelle, dont l'embouchure nous est totalement inconnue et qui aurait rattrapé son niveau de base au fur et à mesure du retrait de la mer, probablement suivant une direction conséquente qui aurait été détournée vers la Sambre actuelle par une simple érosion regressive effectuée sur l'ancien manteau tertiaire du pays et facilitée par un encaissement rapide de la section située en aval de Marchienne. Cette capture très ancienne se plaçant, d'après ce que nous dit M. Cornet sur la date de formation du sillon de Sambre-Meuse, entre le Moséen marin de la Campine et le Moséen des vallées de M. Rutot, c'est-à-dire début du pleistocène ou fin du pliocène. Pendant le pleistocène cette Haute Sambre a perdu de son activité et se laisse, comme M. Briquet l'a montré, de plus en plus gagner par l'Oise.

La vallée de la Sambre reste très étroite, jusqu'en amont de Charleroi, mais à partir de la Jambe de Bois, pendant que la crète orographique s'écarte un peu au Nord et que la ligne de partage des eaux s'éloigne bien davantage englobant le Haut-Piéton, la vallée s'élargit tout en s'enfonçant dans les terrains primaires.

La vallée de la Sambre-Meuse, qui suit en effet les lignes de niveau transversalement à l'inclinaison du terrain, s'encaisse par conséquent de plus en plus dans le sens de la pente de Liége jusqu'en amont de Charleroi ; le sillon de Sambre-Meuse suit presque partout la direction du synclinal devono-carbonifère du bassin géologique de Namur, il est creusé dans le terrain houiller qui forme la partie axiale de ce synclinal.

A l'ouest de Charleroi le bassin houiller cesse de coïncider avec la vallée de la Sambre, mais dans son prolongement vers l'ouest il correspond bientôt de nouveau à une vallée de direction E. W., la vallée de la Haine continuée par celle de l'Escaut de Condé à Bléharies.

On est ainsi amené à se demander si cette vallée, comme celle de la Haine située plus au Nord, ne sont pas en relation avec le plissement du sol primaire qui a donné lieu au bassin devono-carbonifère de Namur et qui, comme on en voit la preuve dans la vallée de la Haine, semble s'être manifesté dans les temps tertiaires et même à des époques plus récentes encore.

Cette vallée *transséquente* serait en même temps de caractère épigénétique. En effet on doit admettre que la Sambre-Meuse, comme toutes les rivières que nous avons étudiées, a pris naissance sur un manteau tertiaire (1). Ce manteau

---

(1) Comme le prouvent encore aujourd'hui les lambeaux de terrains bruxelliens que l'on peut observer entre Marchiennes et Namur.

tertiaire a dû, avant d'être dispersé par l'érosion, être soumis à des mouvements de plissements parallèles à ceux des terrains primaires et c'est dans un synclinal tertiaire très peu accusé que la Sambre-Meuse a pris naissance, puis s'est surimposée dans le substratum primaire pour donner naissance à la vallée d'érosion pure qu'est actuellement la vallée de la Sambre-Meuse. Il est probable que les plis du terrain primaire ont pu faire sentir leur influence et qu'en particulier l'appel du synclinal houiller a été d'autant plus efficace qu'à partir de Namur il était parcouru par la Meuse. La Sambre, son affluent, a pu déployer assez d'activité pour approfondir son sillon et conquérir les cours d'eau situés au nord jusqu'au moment où elle est entrée en lutte avec l'Oise plus puissante qu'elle [1].

Le sillon Sambre-Meuse a décapité successivement du N.E. au S.W. les rivières comprises entre le Haut-Demer et l'ancienne Haute-Sambre. De sorte que les rivières conséquentes ont été décapitées de plus en plus tard et de plus en plus près de leurs sources, lorsqu'on s'avance de l'Est à l'Ouest. Aussi le Demer conséquent, décapité le premier et réduit à un tronçon très court, a-t-il moins creusé sa vallée que la Dyle, par exemple, décapitée plus tard et dont le tronçon conservé est six ou sept fois plus long : A la même latitude (celle de Saint-Trond) le Demer coule à l'altitude de 80 m. et la Dyle à l'altitude de 26 m. De plus, d'une façon générale, à l'ouest de la Senne et au sud d'une ligne Bruxelles-Maestricht s'étend, au nord du sillon Sambre et Meuse, une région dont l'altitude (en dehors des vallées principales bien entendu) dépasse 100 m., parce que l'érosion des cours d'eau décapités a été moins active que celle de la Lys, de l'Escaut qui ont eu moins de malheurs.

Les tronçons méridionaux de ces cours d'eau sont devenus les affluents de droite de la Sambre, tandis que les tronçons septentrionaux continuaient leurs cours vers le Nord. Lorsque la vallée transséquente se fut suffisamment enfoncée, des ruisseaux purent prendre naissance sur le flanc gauche de la vallée et par érosion régressive, facilitée par l'abaissement rapide du niveau de base de la Sambre-Meuse dans le terrain houiller, ont traversé la ligne de faîte orographique et sont venus capter les affluents supérieurs des vallées conséquentes déjà décapitées par la Sambre : telle serait l'histoire du Piéton, qui paraît avoir utilisé le tronçon septentrional décapité de la vallée de l'Eau d'heure, de

(1) Ces mouvements du sol ont dû se continuer pendant une grande partie des temps pleistocènes, les failles de la vallée du Rhin entre Cologne et Bonn, du Feldbiss, etc., ainsi que l'altitude des dépôts pleistocènes dans la vallée de la Haine en sont la preuve.

l'Orneau, de la Mehaigne, du Geer, cours d'eau N.S, *anaclinaux* par rapport aux couches tertiaires.

La *vallée de la Haine* aurait également, d'après M. Cornet, une origine analogue. S'il ne paraît pas douteux que la haute Haine se prolongeait autrefois avec la Samme de Seneffe, de Carnières à l'Escaut et spécialement en aval de Mons, la Haine coule actuellement dans un synclinal tertiaire et crétacé; c'est donc une vallée synclinale proprement dite et de formation relativement récente. Si le niveau de base venait à s'abaisser suffisamment, la Haine finirait par tailler sa vallée dans le terrain houiller lui-même, qui existe en-dessous et deviendrait alors comme la Sambre-Meuse actuelle, une vallée épigénétique dont l'emplacement serait la conséquence de l'existence d'un synclinal tertiaire et crétacé disparu.

La naissance de la Haine a amené le tronçonnement de la Dendre, de la Senne et d'une série de leurs affluents probablement déjà décapités en amont par la Sambre. Mais le bassin hydrographique de la Dendre et la portion occidentale du bassin de la Senne sont presque partout inférieurs à la cote 100, donc dans un état de dénudation plus avancé que les territoires à l'Est de l'axe de la Senne, la Haine doit donc être plus récente que la Sambre-Meuse, mais la Dendre et la Senne décapités de nouveau ont dû naturellement creuser davantage leur lit que la Dyle, le Demer, mais moins que l'Escaut et la Lys, que l'Escaut surtout qui, dans l'état actuel, joue encore le rôle du cours d'eau principal du système.

L'Homme et les cours d'eau du Nord

Rien n'est moins imposant que les rivières flamandes, et même pour ceux qui les connaissent, il y a toujours un peu de surprise à les voir si minces au milieu de leurs larges vallées et, avouons-le, aussi sales. Autrefois, lorsque l'homme n'était pas intervenu encore, les cours d'eaux qui s'attardaient dans les vallées inférieures en s'y étalant, se compliquaient de bras morts et de marais tourbeux. Dès l'âge de la pierre polie, l'homme habita ces régions marécageuses ou s'y réfugiait pour se défendre contre les envahisseurs; la situation de quelques villes, Lille par exemple, dans les vallées s'explique aussi soit par l'importance stratégique de la position choisie, soit par les nécessités de l'existence. Dès le XIIe et le XIIIe siècle on parle déjà des « portes d'eau » de Deûlémont. C'est au XIIIe siècle aussi qu'un canal, creusé entre Vitry et Courchelette, amena à Douai dans la vraie Scarpe la rivière d'Arras qui auparavant se dirigeait vers la Sensée et attrapait l'Escaut à Bouchain. L'homme se préoccupa donc très tôt d'assurer aux rivières à l'aide de barrages, d'écluses et de dérivations la quantité d'eau nécessaire, soit à la navigation, soit à l'alimentation de ses moulins et d'organiser l'évacuation des eaux des crues d'hiver accumulées dans les dépressions du sol avant le printemps. [1] De tout temps aussi, mais surtout après la réunion de la Flandre à la France, lorsque Vauban remit en état toutes les places fortes de la région, l'homme utilisa pour défendre ses villes les différents cours d'eau qui sillonnent la plaine et les propriétés imperméables du sol.

Ces rivières d'aspect si tranquille, qui, si loin de leurs embouchures ont une pente presque insensible, voisine de celle des rivières d'une pénéplaine, ont cependant leurs caprices, et les relations d'inondations plus ou moins désastreuses se rencontrent souvent dans leur histoire la plus ancienne comme la plus récente. C'est que l'imperméabilité du sol et le défaut de pente de la partie basse de la Flandre et de la Plaine Maritime les condamnant à être, en toutes saisons, menacées d'inondations : fleuves, rivières, ruisseaux, il n'en est guère qui ne débordent chaque année, surtout au moment des pluies abondantes et persistantes. De plus, les rivières du département du Nord présentent presque toutes un cours supérieur à forte pente et un cours moyen ou inférieur où la pente est presque nulle. Même pour les cours d'eau qui ont tout leur cours en plaine, en cas de forte pluie les eaux que ne peut absorber le sol imperméable s'accumulent dans les dépressions.

Les crues d'hiver surtout apportent dans le lit majeur du cours d'eau un limon, sableux au voisinage du fleuve, argileux au-delà, fertile et exploité pour la briqueterie. Si ce colmatage est assez intense pour qu'en 30 ans la couche d'argile à briques atteigne 0 m. 60, il a aussi pour conséquence d'exhausser le lit du fleuve et de rendre de plus en plus difficile l'évacuation des eaux d'inondations rassemblées dans les parties basses ou « cuves ». L'homme a donc dû établir très tôt des rigoles qui, parties d'un bief d'amont, aboutissaient à un autre bief situé en aval et assez bas pour que les eaux puissent s'y écouler tout en régularisant les utiles crues d'hiver.

Les crues d'été sont beaucoup plus désastreuses : la longue liste des méfaits de l'Escaut, de la Lys, de l'Aa et de leurs affluents est là pour le prouver, et l'homme songea très tôt à empêcher ces inondations néfastes. Jusqu'au XIXe

---

[1] Blanchard. — La Flandre, p. 97 et suivantes.

siècle on se contenta par des digues ou en détournant le cours de la rivière, de protéger telle ou telle localité.

Maintenant, on essaie de lutter contre la cause même du mal. Les riverains se groupent en associations de défense et forment en Flandre des *Wateringues* dans le reste du département, des associations syndicales auxquelles est confié l'entretien des digues. Il s'en est constitué tout le long de la Hayne, de la Sambre, de l'Escaut et de la Lys, en France comme en Belgique. On améliore la pente des cours d'eau en redressant et en supprimant les courbes ; ces travaux, exécutés d'abord sur la Scarpe et la haute Lys, se sont poursuivis aussi bien pour la région française que pour la région belge.

« Aussi, peu à peu disparaît l'aspect des anciens cours d'eau flamands traçant leurs longues courbes à travers les prairies. La rivière qu'on voit aujourd'hui rectiligne, d'une largeur partout égale, entre les deux berges réglementairement inclinées, c'est le plus souvent un bras artificiel, qui relie par le plus court chemin les extrémités des grandes courbes. La véritable, l'ancienne rivière dort au loin dans les prairies, désormais fermée au courant, encombrée de roseaux ; le colmatage est rapide, le vieux bras se comble et disparaît. S'il survit, c'est pour devenir un vivier où l'anguille abonde. Le nouveau cours est banal, l'ancienne rivière était plus pittoresque, avec ses replis imprévus ».

Dessèchements (Associations syndicales) (1)

Waeteringues ou Wateringhes. — Les wateringues sont aussi vieilles que l'émersion de la plaine maritime et, dès le XIIe siècle, elles apparaissent déjà comme constituées sous l'autorité du comte qui surveillait les travaux.

Les waeteringues de l'arrondissement de Dunkerque sont réglementées par décret organique du 20 janvier 1852 (2), décret qui fut modifié par celui du 17 décembre 1860. Elles ont un double but à remplir : le dessèchement par l'évacuation des eaux surabondantes à la mer et l'alimentation du pays waeteringué où l'eau douce fait complètement défaut au moment des sécheresses. Leur territoire est divisé en quatre sections dont chacune est administrée par une commission particulière de neuf membres élus par l'ensemble des propriétaires intéressés, renouvelables par 1/3 tous les trois ans.

La 1re section (8.829 hectares) comprend toutes les terres bornées par les dunes de Dunkerque à Gravelines, par la rivière de l'Aa et le canal de Bourbourg.

La 2e section (10.435 hectares) comprend toutes les terres situées entre le canal de Bourbourg au Nord ; le canal de la Haute Colme au Sud ; le canal de Bergues à l'Est ; la rivière d'Aa à l'Ouest.

La 3e section (8.785 hectares) comprend toutes les terres basses situées sur la rive droite du canal de la Colme, entre Watten et Bergues.

---

(1) Annuaire du Département du Nord par MM. Lecocq et Desrousseaux.

(2) En Belgique, les waeteringues remontent à 1555.

La 4e section (10,453 hectares) est bornée au Nord par les dunes de Dunkerque à la Belgique ; au Sud par les hauteurs ypresiennes qui s'étendent de Bergues à Hondschoote ; à l'Est par la frontière ; à l'Ouest par le canal de Bergues. Elle ne comprend pas les Moëres, situées à l'Est de son territoire, et qui a son administration spéciale.

Les Moëres (Grandes et Petites Moëres) 2,390 hectares, asséchées une première fois en 1624, inondées de nouveau par l'Aa en 1646. — Ces terres ont été concédées par lettres patentes du 4 octobre 1779. Leur dessèchement complet n'a été achevé qu'en 1826. Elles sont administrées conformément à un règlement approuvé par arrêté préfectoral du 9 mars 1822.

Ancienne rivière d'Aa et ses affluents sur le territoire de Gravelines. — Un syndicat pour le curage de l'ancienne rivière d'Aa et de ses affluents sur le territoire de Gravelines a été autorisé par arrêté préfectoral du 28 juillet 1882.

Prés Dubois (76 hectares). — Syndicat d'entretien de la région d'Armentières ; a été autorisé par décret du 9 avril 1876 et constitué par arrêté préfectoral du 28 septembre 1880.

Entretien de dessèchement des marais de la Haute-Deûle. — Ce syndicat a été institué par décret du 17 février 1865. Les taxes d'entretien du dessèchement sont assimilées aux contributions directes. (1,223 hectares).

Ruisseaux de l'Espierre, du Trichon et du Riez Saint-Joseph. — Un syndicat a été organisé pour le curage et l'entretien de ces trois ruisseaux situés sur les territoires des villes de Roubaix, Tourcoing et Wattrelos.

Vallée de la Scarpe (10,800 hectares). — Cette association est régie par l'ordonnance du 16 novembre 1834 et le décret du 8 février 1881. Les mutations et la rédaction des rôles sont faites par la Direction des contributions directes, les percepteurs assurent le service.

Courant de la Fontaine St-Martin. (482 hectares) (partie comprise entre le chemin du Mont des Ermites et la Traitoire). — Ce syndicat, constitué par un arrêté préfectoral du 19 novembre 1887, modifié par un autre arrêté du 16 janvier 1900, a pour but l'entretien du lit et des digues de la Fontaine Saint-Martin, aux territoires des communes de Raismes et de Saint-Amand.

Prairies de Flines lez Mortagne (30 hectares). — Syndicat autorisé par arrêté préfectoral du 14 mai 1851.

Prairies de Château-l'Abbaye et de Mortagne (120 hectares). — Qui existe depuis le 28 octobre 1838.

Vallée de la Vergne (143 hectares). — L'association syndicale du dessèchement de cette vallée affluente de l'Escaut existe depuis le 7 juillet 1856.

Vallées de la Haine et de l'Escaut (3,097 hectares). — L'un des plus anciens syndicats de dessèchement, puisqu'il a été organisé par les ordonnances du 23 thermidor an VII et du 2 octobre 1837.

Marais de l'Epaix et de Bruay (330 hectares). — Existe depuis le 17 octobre 1826.

Rivière de l'Hogneau. — Cette association, qui avait été autorisée pour exécuter les travaux nécessaires au bon entretien du lit et des digues de l'Hogneau entre le moulin de Crespin et le confluent dans la Haine, n'existe plus depuis le 12 mai 1902.

Marais de Bouchain et de Trith Saint-Léger (192 hectares). — Existe depuis le 3 février 1864.

Vallée de la Naville (446 hectares). — Un décret du 6 mai 1864 a concédé à une réunion de propriétaires le dessèchement des terres marécageuses situées dans la vallée de la Naville entre Denain et Bouchain. Le syndicat d'entretien a été institué par décret du 10 août 1853.

Curage de l'Escaut non navigable. — Un syndicat a été établi par décret du 21 novembre 1887, pour l'exécution, sur les territoires des communes d'Honnecourt, Banteux, Bantouzelle, Crèvecœur, Masnières, Marcoing, Noyelles, Proville et Cambrai, des travaux de curage, d'entretien et de faucardement de la rivière de l'Escaut, partie comprise entre la limite des départements du Nord et de l'Aisne, et le confluent de cette rivière avec l'Escaut navigable à l'aval de Cambrai, ainsi que les dérivations, bras de décharge et fossés d'assainissement ouverts dans un intérêt général qui dépendent du dit cours d'eau.

Syndicat d'irrigation de Nayelles-sur-Sambre. — D'abord association libre à sa fondation en 1855, puis transformée en syndicat autorisé par arrêté préfectoral du 22 juillet 1857, cette société a pour objet l'irrigation par voie d'inondations artificielles et le dessèchement des terrains compris dans l'étendue des inondations par la voie du cours de la rivière l'Helpe et du fossé le Roye.

Vallée de la Haute Sambre (762 hectares). — Deux syndicats sont établis, l'un à Maroilles pour les territoires situés sur la rive droite de la Sambre, l'autre à Sassegnies pour les terrains situés sur la rive gauche. Ils ont été fondés le 19 juin 1837.

Vallée de la Basse-Sambre. — Deux syndicats sont établis depuis le 14 mai 1851, l'un siégeant à Berlaimont pour les terrains (1.420 hectares) situés jusqu'à l'aval de l'écluse d'Hautmont dans les communes de Sassegnies, Leval, Berlaimont, Aulnoye, Aymeries, Pont sur Sambre, Bachant, Boussières, Saint Rémy-Mal Bâti et Hautmont, l'autre dont le siège est à Maubeuge pour les terrains (223 hectares) existant de l'aval de l'écluse d'Hautmont jusqu'à la frontière, dans les communes de Louvroil, Neuf-Mesnil, Maubeuge, Rousies, Assevent, Boussois, Recquignies, Rocq, Marpent et Jeumont.

Prairie de Landrecies (83 hectares). — Ce syndicat existant depuis le 12 décembre 1882, se propose le dessèchement des prairies situées sur le canal de jonction de la Sambre à l'Oise, au territoire de Landrecies.

Syndicat du curage de la Solre et du canal de Bourgogne. — Existe depuis le 19 juin 1855.

Rivière de l'Helpe-Mineure. — Existe depuis le 29 novembre 1881 et a pour but les travaux de curage de l'Helpe-Mineure dans les communes de Fourmies et de Wignehies.

Dessèchement mécanique de Thun (310 hectares). Depuis 1884.

Marais de Louvain Planque (50 hectares). — Existe depuis le 27 août 1855.

Ces associations, au nombre de 20, embrassent une superficie de 61.934 hectares (1). Les dépenses qu'elles ont faites pour l'entretien se sont élevées, en 1907, à 137.648 fr. 08, soit une moyenne de 2 fr. 02 par hectare.

L'homme ne s'est pas contenté de priver nos rivières et leurs vallées de leur pittoresque : il les a polluées : la Lys (2) n'est déjà pas séduisante après la traversée du groupe industriel Armentières-Houplines ; plus loin elle reçoit la Deûle que son passage dans Lille transforme en véritable égout. Puis de Menin à Deynze le rouissage du Lin achève de salir et d'empoisonner la rivière (3). L'Escaut déjà trouble à Tournai est abominablement souillé par l'Espierre qui lui apporte les eaux industrielles de Roubaix, Tourcoing, Mouscron et Wattrelos ; plus loin la Rhosnes lui amène les déchets de Renaix ; la rivière, vers Avelghem, est lamentable : elle roule lentement un liquide épais, noir et puant avec des bulles qui viennent crever à la surface. Les rivières deviennent ainsi pour la plupart de véritables égouts à ciel ouvert qui traversent ainsi la

(1) Un peu plus du 1/8e de la superficie totale du département.

(2) BLANCHARD. — La Flandre, p. 112.

(3) Qui, alimentant le canal de Gand à Ostende, vient incommoder Bruges.

plaine [1]. Il est à souhaiter que l'homme répare une grande partie du mal qu'il a fait et que les expériences du Dr Calmette sur les procédés économiques d'épuration des eaux industrielles, permettent le plus tôt possible d'envoyer à nos canaux des eaux clarifiées qui égayeront par leur limpidité le ciel gris des Flandres.

---

(1) L'Espierre est tristement célèbre à ce point de vue : l'épuration des eaux de l'Espierre par un traitement à la chaux a été déclaré d'utilité publique le 22 février 1887 et l'usine d'épuration fonctionne depuis 1889. Mais l'on n'a jamais pu épurer la totalité du débit qui s'est considérablement accru et la Belgique n'a cessé de protester très vivement, menaçant même de barrer la vallée de l'Espierre à la frontière. A la suite de la réunion d'une commission internationale et d'une enquête, un projet de loi fut déposé par le gouvernement en 1898, mettant les villes de Roubaix et de Tourcoing en demeure d'agrandir l'usine de Grimonpont de manière à épurer par heure 3.600 m.c., par jour 86.400 m.c. La dépense à faire était évaluée à 1.350.000 fr. et la dépense annuelle de fonctionnement à 900.000 fr. ; le projet a été ajourné pour trouver un procédé pratique et économique d'épuration.

LES EAUX MINÉRALISÉES ET LES EAUX MINÉRALES

DU DÉPARTEMENT DU NORD

Les sources thermo-minérales peuvent se classer en deux catégories :

1° Les sources *Hypogènes* localisées dans les régions d'activité volcanique actuelle ou d'extinction récente ;

2° Les sources *Vadeuses* qui sont dues aux eaux superficielles ayant pénétré à une plus ou moins grande profondeur. Ces eaux peuvent se charger de substances minérales, soit par simple dissolution d'éléments solubles dans l'eau et contenus dans les terrains traversés, soit par réactions chimiques d'éléments déjà contenus dans l'eau sur les minéraux des terrains traversés, soit enfin par des apports gazeux (argon, helium, etc.) d'origine plus ou moins profonde.

C'est naturellement à la seconde catégorie qu'appartiennent les eaux thermo-minérales que l'on rencontre dans le département du Nord.

A côté de ces eaux minérales il existe aussi dans le département du Nord des eaux simplement minéralisées, qui peuvent donner lieu à des considérations intéressantes ([1]).

C'est ainsi que toutes les eaux des environs de Lille, provenant presque toujours de la craie, se sont enrichies dans leur parcours souterrain en calcaire. L'eau d'Emmerin par exemple qui alimente Lille en est un exemple.

Ces eaux peuvent aussi, au contact de l'air, en perdant leur gaz carbonique, abandonner le calcaire qu'elles avaient dissous à l'état de bicarbonate : ce calcaire va pouvoir recimenter les fragments de craie, les cailloux, les grains de sable voisins : ce serait là par exemple l'origine du sable grossier désigné sous

---

(1) J. GOSSELET. — Leçons sur les nappes aquifères. Ann. Soc. Géol. du Nord XIV. p. 206 et suivantes.

le nom de "fond de mer" aux environs de St-Omer, des tufs calcaires que l'on rencontre dans certaines vallées.

Eaux ferrugineuses

Les eaux chargées de sels de fer sont fréquentes partout ; souvent les eaux de la nappe phréatique due aux alluvions sableuses ou caillouteuses sont assez riches en sels de fer pour présenter une saveur styptique caractérisée, troubler les liqueurs alcooliques (absinthe) et tacher le linge.

Mais il n'y a guère dans le département du Nord qu'une seule source qui mérite de porter le nom de ferrugineuse. C'est celle de *Féron* entre Avesnes et Fourmies.

Elle sort des sables aachéniens. Ces sables sont remplis de limonite (sesquioxyde de fer hydraté) qui constitue de grosses concrétions à la base du sable ou qui forme autour de chaque grain de sable une enveloppe ferrugineuse. C'est grâce au gaz carbonique de l'eau de pluie que les eaux qui filtrent à travers ce sable peuvent se charger d'une certaine quantité de fer.

Les eaux de lavage des roches ferrugineuses voisines expliquent également facilement les eaux ferrugineuses de *Couplevoie* dans la même région.

Il y a dans les bruyères entre Cysoing et Cobrieux et dans les marais de Wannehaing des sources ferrugineuses dues aux eaux pluviales. Celles-ci, en filtrant à travers les collines avoisinantes, entraînent les matières ferrugineuses qu'elles trouvent sur leur passage et les déposent dans les bas fonds où elles peuvent séjourner.

Eaux alcalines

Beaucoup d'eaux profondes des environs de Lille et de la région sont très riches en sels de soude : rue du Gros Gérard, l'eau de la brasserie Vandame qui vient du calcaire carbonifère est légèrement alcaline. A l'Hôpital Militaire l'eau de même origine renferme par litre 0 gr. 1 de bicarbonate de soude et de chlorure de sodium (0.28 d'après M. Violette).

A Armentières, dans un sondage, qui est resté dans le terrain crétacé, mais qui s'est probablement approché du calcaire carbonifère, l'eau contient par litre 0 gr. 534 de soude à l'état de chlorure, de carbonate ou de sulfate. On a aussi trouvé de la soude dans la craie aux environs de St-Omer.

L'eau du forage d'Ostende, à 310 mètres de profondeur dans les schistes cambriens, renferme par litre 0 gr. 7181 de carbonate de soude.

Chez M. Hustrel à Armentières, M. Buisine a trouvé 0,4 de sulfate de soude.

Quelques eaux du houiller sont aussi alcalines ; mais tous les sondages profonds ne fournissent pas des eaux également alcalines, quelques-unes même ne renferment pas d'alcalis, sans que leur position permette d'expliquer l'exception.

L'origine de la soude dans ces eaux souterraines est difficile à expliquer, et ce problème ne nous paraît pas encore résolu. Si, pour les eaux des grandes villes on pourrait y voir le résultat de la concentration des eaux ménagères modifiées par une filtration lente à travers la craie, l'argile et les sables, cette explication ne peut plus rendre compte des eaux alcalines éloignées des centres industriels. D'autre part il n'existe en profondeur, au Nord de la crête de l'Artois aucun dépôt salifère triasique actuellement connu, et on ne peut invoquer la décomposition de certains éléments (feldspathes ou autres) altérable des roches sédimentaires, car les chlorures et les sulfates ainsi que l'absence de la potasse seraient difficilement explicables.

On peut admettre que ces sels de soude étaient primitivement à l'état de chlorures, et que ce chlorure a été transformé en sulfate et carbonate, grâce à des réactions chimiques très simples produites dans les roches traversées par le liquide.

Tout reviendrait alors à expliquer la présence du chlorure de sodium. Le chlorure de sodium vient-il, comme le sel de certaines eaux du sous-sol de la Hollande, de la mer actuelle dont les eaux se seraient infiltrées souvent à des distances considérables à travers des roches comme la craie, et quelquefois à un niveau supérieur au niveau actuel de la mer, en abandonnant on ne sait où les sels qui manquent dans ces eaux. Cela est bien peu probable.

Les eaux du terrain houiller sont, comme nous le verrons un peu plus loin, toutes chlorurées ; on pourrait alors admettre au moins pour quelques-unes de ces eaux alcalines une communication entre la nappe qui les fournit et le terrain houiller.

Enfin les roches ont-elles conservé des chlorures des eaux marines au milieu desquelles elles se sont déposées, et alors pourquoi toutes les eaux profondes ne sont-elles pas alcalines ?

Telles sont les différentes hypothèses émises qui, nous devons l'avouer, sont loin de nous satisfaire, et de résoudre le problème des eaux alcalines des sondages profonds de la région du Nord.

Eaux chlorurées

Les eaux salées sont très fréquentes dans la région du Nord ; les eaux que les sondages ou que les puits de mine sont en effet assez fortement chargées en chlorures alcalines.

Dans la région d'Anzin les premiers puits de mine ont rencontré un vaste réservoir souterrain de 2450 hectares, constitué par un sable à gros grain connu en géologie sous le nom de " torrent d'Anzin " d'âge crétacé inférieur. Les eaux ont fourni à l'analyse (M. Pesier) 7 grammes de chlorure de sodium par litre, 8 grammes 450, d'après M. R. Laloy.

La Compagnie d'Anzin en extrayant annuellement 800.000 m. c., a réussi au bout de vingt ans à réduire la surface aquifère du torrent d'Anzin à 1.300 hectares.

M. Laloy constata en outre que l'eau du torrent contient une énorme quantité de sulfate de fer (5 gr. 526) provenant de l'altération des pyrites de fer qui y sont contenues, et qu'elle renferme aussi des proportions importantes de sulfate de soude (3 gr. 736). La température de ces eaux était en 1873 de 19°.

Les eaux des schistes houillers sont salées, mais on croyait que c'était le résultat des infiltrations venant du torrent.

Les eaux salées du terrain houiller forment tantôt des amas dans les crevasses des grès houillers, tantôt constituent de véritables sources, dont le débit paraît se maintenir assez régulièrement, et qui se font jour à travers les fissures des grès houiller.

Toutes ont une densité assez élevée (1,0385 à 1,0078), leur température est celle du milieu d'où elles émergent. Toutes sont alcalines, renferment une proportion considérable de chlore, d'acide sulfurique, d'alcalis. Elles se troublent peu à l'ébullition (1) et laissent déposer un enduit jaunâtre formé de peroxyde de fer.

La composition quantitative de ces eaux est très variable et peut d'ailleurs facilement s'expliquer par la variation de composition des roches encaissantes avec lesquelles les eaux salées ont été plus ou moins longtemps en contact.

Ainsi le carbonate de soude qu'elles renferment peut s'expliquer facilement par l'action du chlorure de sodium sur le carbonate de chaux, le fer par

(1) Sauf quand le voisinage du calcaire carbonifère permet le mélange des eaux provenant de ce dernier terrain aux eaux houillères proprement dites. Ann. Soc. Géol. XXX. 1901.

l'oxydation des pyrites (marcasite), et le gaz carbonique par sa présence dans la houille ; la présence du chlorure de sodium n'en reste pas moins très remarquable et difficile à expliquer.

M. Renier Malherbe (1), ingénieur des Mines à Liège, M. Cornet dans le Borinage constatèrent que les eaux des schistes houillers étaient presque toujours salées, que le houiller soit ou non recouvert par le torrent ; il y a donc du chlorure de sodium dans les schistes houillers. Aussi M. Malherbe admet-il que les émergences d'eau salée du terrain houiller (et du torrent) sont dues à des eaux superficielles qui, en pénétrant dans les joints et fissures des roches houillères, auraient opéré un véritable lessivage des roches traversées et auraient emprunté en particulier le sel qu'elles renferment.

Pour M. Laloy (2) il n'y aurait pas de sel dans les grès houillers compacts et si quelques-uns en renferment un peu, ils le doivent à l'eau qui les imprègnent, et la proportion du chlorure de sodium du torrent, si elle est proportionnée à celle des schistes houillers sous-jacents, est toujours un peu moindre. Pour lui, l'eau salée du terrain houiller au contact de laquelle se serait salée l'eau du torrent, présente une si frappante analogie avec celle de nos océans, qu'il est logique d'admettre qu'elle a la même origine. L'eau salée serait donc renfermée dans les fissures du terrain houiller, et ce serait une eau fossile, reste des anciennes mers carbonifères. C'est aussi l'opinion de M. Cornet. M. Laloy cite, à l'appui de sa théorie, ce fait que la quantité de chlorure de sodium d'une fosse diminue progressivement, au fur et à mesure que la provision d'eau de mer diminue. En 1840, l'eau de la fosse du Tinchon contenait 9 grammes 101 de chlorure par litre ; en 1873, elle n'en contenait plus que 8 gr. 428.

Pour lui donc, la salure des eaux du terrain houiller ne peut pas être attribuée aux traces de chlorures constatées dans les roches de cette formation, pas plus que l'on ne peut admettre que les chlorures alcalins renfermés dans les eaux de nos forages ne proviennent des couches crétacées qui pourtant en révèlent à l'analyse (3).

Les eaux sulfureuses du Département du Nord

Notre département est assez riche en sources sulfureuses, froides ou chaudes. Les premières, d'origine peu profondes, proviennent de la réduction des sulfates

(1) Bul. Acad. de Belgique 1875, p. 16.
(2) Mém. Soc. Sc. de Lille, 3, XIII, p. 163.
(3) Ann. Soc. géol. du Nord, II, p. 136, 1875.

au contact des matières organiques. C'est ainsi qu'accidentellement et temporairement, les nodules de pyrite (marcasite) qui se trouvent dans la craie, peuvent rendre les eaux sulfureuses : il suffit pour cela qu'un nodule de sulfure de fer voisin d'un puits, s'oxyde, et que les sulfates qui prennent naissance soient réduits par des matières organiques (bois de la buse du forage, par exemple); le phénomène cessera par suite avec la disparition des matières organiques et à coup sûr avec la disparition des pyrites dans la zone avoisinant le puits.

De telles eaux sulfureuses froides se rencontrent dans les arrondissements de Douai et de Valenciennes : ce serait à St-Amand et Marchiennes, d'après M. R. Laloy [1], qu'elles posséderaient les caractères les mieux marqués. Ces eaux, dont la température est de 10°, proviendraient d'un niveau d'eau situé sous les sables tertiaires (sables d'Ostricourt), à la limite de l'argile tertiaire (argile de Louvil) et de la craie. Le degré de sulfuration varie avec les sources et avec l'époque de l'année ; en général, c'est en été que la sulfuration est la plus prononcée.

Le puits le plus sulfureux de St-Amand serait le puits du Collège des Anges.

L'origine du soufre de ces eaux s'explique facilement par la présence dans les couches tertiaires d'où elles proviennent, de pyrites et de matières organiques (lignites), ainsi que la proportion notable de peroxyde de fer.

Les autres eaux sulfureuses de la région renferment une plus forte proportion d'acide sulfhydrique et de matières salines, de plus, elles sont thermales et laissent déposer, à la lumière, une matière organique particulière nommée barégine ou glairine.

La recherche de la houille aux environs de Marchiennes a aussi permis de reconnaître l'existence d'une nappe d'eau sulfureuse à la base du terrain crétacé entre le tourtia et le calcaire carbonifère.

Ce calcaire carbonifère qui a été rencontré à Péruwelz, Péronne, Antoing, Basècles, c'est-à-dire à des distances de dix à dix-sept kilomètres, a été fortement plissé et contourné; il présente de nombreuses fentes et failles qui sont facilement traversées par les eaux pluviales, aérées et chargées de gaz carbonique, ces eaux peuvent ainsi oxyder et dissoudre les pyrites du calcaire carbonifère, du houiller inférieur, peut-être aussi celles que l'on rencontre parfois dans les sables compris entre la houille et le tourtia. Le sulfate de fer et le sulfate de chaux provenant de l'oxydation des pyrites sont

(1) Mém. Soc. Sc. de Lille, 3, XIII, 2e partie, p. 341, 1874.

en partie dissous dans l'eau, en partie réduits en profondeur par les matières organiques du houiller inférieur.

Au Rond-Point, dans la forêt de St-Amand, à un kilomètre environ de l'établissement thermal, existe un ancien forage datant de 1847, qui a été poussé jusqu'à 80 m. et qui a été interrompu par suite de la présence d'une source sulfureuse dont le débit atteignait 525 hectolitres par heure. Actuellement le forage à moitié comblé ne laisse plus échapper qu'un mince filet d'eau à 22 m. au-dessus du niveau de la mer, riche en sulfate de chaux, laissant déposer de la barégine et dont la température n'est plus que de 14° à cause de l'éloignement du point d'émergence et du mélange des eaux superficielles.

Sur la route de Marchiennes à Orchies, au lieu dit le Sec-Marais, un ancien forage comblé, ayant aussi probablement atteint le houiller inférieur, laisse échapper un mince filet d'eau sulfureuse dont la température est de 14°5, déposant de la barégine et contenant comme la précédente beaucoup de sulfate de chaux.

La Compagnie de Mortagne creusa en 1749 une première fosse à Flines; puis en 1750, la fosse Capotte, à Notre-Dame-aux-Bois, à 1467 toises de Fontaine-Bouillon; celles-ci et neuf autres puits que creusèrent les différentes Compagnies de Mortagne furent tous abandonnés à cause des eaux plus ou moins sulfureuses rencontrées au voisinage du calcaire carbonifère.

Dans le bois de Suchemont, à 1 kilomètre de Fontaine-Bouillon, M. de Bracquemont obtint, en 1847, à une profondeur de 76 m., une eau sulfureuse, d'une température de 15° centigrades, et jaillissant à 11 m. au dessus du sol. Le trou de sonde, qui donnait 528 hectolitres à l'heure, fut bouché immédiatement de peur de voir diminuer le débit des sources de l'établissement thermal.

Les eaux de la fosse du Vivier, à Fresnes (1803), rencontrées dans la « Longue chasse » de 550 m. au couchant (niveau de 215 m.), coulaient sur un schiste pyriteux; elles étaient transparentes, un peu jaunâtres, exhalaient une odeur de soufre due à l'hydrogène sulfuré.

Une même source fut observée à la fosse des Rameaux, à Fresnes également, en 1820, au-dessus de la voie de Herchage.

La fosse Pomtperry, 1836, à Château-l'Abbaye (Société de Vicoigne), dut être abandonnée en 1854 à cause de ses abondantes émanations sulfureuses (1).

Le sondage de l'avenue du Clos, de l'abbaye de St-Amand, à 3 kilomètres de

(1) Dr Manouvriez. — Ann. Soc. Géol. du Nord, XIII, p. 330. 1886.

la Fontaine-Bouillon, creusé en 1837, après avoir traversé le sable, l'argile, la craie et le tourtia a atteint le calcaire carbonifère, vers 120 m., et l'eau sulfureuse a jailli alors en quantité, sa température était de 19°7.

Le débit de cette source était énorme et on chercha, mais sans succès, à la boucher. Plus tard, on aménagea de nouveau le forage pour utiliser ces eaux comme force motrice. Ce dernier projet a été abandonné, mais les travaux de captage subsistent toujours.

Cette source s'écoule du haut d'une cuve en maçonnerie de 3 m. 50 de hauteur, à 5 m. au-dessus de la Scarpe, à 22 m. environ au-dessus du niveau de la mer. Son débit en 1873 était de 18.500 hectolitres en 24 heures, sa température de 18°25 (la moyenne est de 10° et le degré géothermique moyen à 120m indiquerait 14°). Cette eau contient 0,00021 d'hydrogène sulfuré par litre et elle laisse déposer de la barégine.

Toutes ces eaux profondes des environs de St-Amand paraissent bien avoir la même origine et s'expliquer facilement par la présence en profondeur dans le terrain houiller inférieur, au voisinage du calcaire carbonifère, de couches riches en pyrite de fer et en matières organiques.

Ces conclusions ont été confirmées par la découverte des eaux sulfureuses de Meurchin.

MEURCHIN

En 1865, en creusant une fosse à Meurchin (Pas-de-Calais), à 20 kilomètres de Lille, on a rencontré à une profondeur de 240 mètres par une galerie horizontale un calcaire encrinitique d'où jaillit aussitôt une source d'eau chaude et sulfureuse ; on parvint à la boucher et on continua le travail. Mais une source plus abondante fut mise à jour qui donnait jusqu'à 20 à 30,000 hectolitres par jour et qui força à abandonner le puits. La température de cette eau était de 40° à 200m de profondeur et elle renferme par litre 0 gr. 031 d'hydrogène sulfuré avec du chlorure de sodium et du sulfate de soude.

Les eaux se maintiennent dans le puits aujourd'hui abandonné à 9m en dessous de la surface du sol à 22m au-dessus du niveau de la mer, alors que l'eau de la craie n'est qu'à 20m. A la surface la température est encore de 26°.

La composition de cette eau est des plus remarquables, car c'est l'une des plus

---

(1) GOSSELET. Bul. scientifique du N. I. p. 318.
Ann. Soc. Géol. du N. XIV, p. 300.

sulfurées que l'on connaisse et elle se conserve très bien dans des flacons bouchés. Elle a été utilisée au point de vue médical par les habitants des environs.

Ces eaux sortent non pas du calcaire cabonifère comme on l'avait cru tout d'abord, mais du houiller tout à fait inférieur (zone à *Productus cabonarius*) formé de grès, de schistes simples et de schistes pyritifères. La quantité de pyrite est quelquefois si considérable que l'on a pu exploiter cette assise pour la fabrication de l'alun et de l'acide sulfurique. C'est cette zone pyriteuse qui ici comme aux environs de Saint-Amand fournit à l'eau ses matières sulfureuses. Comme de plus la température de 40° est bien supérieure à celle qui correspondrait à la profondeur où on les a rencontrées et comme d'autre part la structure géologique ne permet guère de supposer que l'eau a parcouru un trajet beaucoup plus profond, il faut admettre comme à Saint-Amand qu'il doit se produire grâce à l'oxygène des eaux d'infiltration des phénomènes d'oxydation exothermiques.

La soude signalée dans ces eaux peut provenir des couches de houille intercalées dans le houiller inférieur.

SAINT-AMAND-LES-EAUX

Les eaux et boues thermominérales sulfureuses de St-Amand sont de beaucoup les plus célèbres et les plus importantes du département du Nord.

L'établissement des eaux minérales et des boues se trouve à quatre kilomètres de la ville, dans un terrain un peu marécageux entre la forêt et le village de Croisette.

Historique. — La découverte et l'utilisation de ces eaux remonte vraisemblablement à une très haute antiquité, car les travaux exécutés en 1634-1635, en 1649, puis en 1698 à Fontaine-Bouillon ont mis à découvert avec des statues, des médailles à l'effigie de Jules-César, Auguste, Vespasien, Trajan, et des constructions paraissant appartenir à des Thermes assez importants.

La Fontaine-Bouillon qui était autrefois la seule source connue et se trouvait située dans une prairie de la cense à laquelle elle avait donné son nom, fut presque inutilisée jusqu'au XVIIe siècle. Les fermiers laissaient boire et emporter l'eau par ceux qui le désiraient, et l'utilisaient surtout pour faire tourner un moulin. La guérison en 1648 de l'archiduc Léopold, gouverneur des Pays-Bas, appela de nouveau l'attention sur ces eaux, propriétés de l'abbaye de St-Amand.

Il paraît que l'on ne commença à faire usage des boues qu'en 1698 : les mineurs du Roi employés aux travaux de réfection et de construction affligés d'ulcères aux jambes et de gale, furent forcément plongés dans la boue et se trouvèrent guéris. Ces bains de boue furent d'abord pris en commun et en plein air. Ce n'est qu'en 1765 qu'on recouvrit les boues d'un bâtiment en forme de serre hollandaise, formée de grands vitraux à l'est, au midi et à l'ouest. Il avait 28m28 de long, 12m34 de large et 9m74 de long. Une grande cloison établissait une séparation entre les militaires et les autres baigneurs, en outre les boues furent divisées par des cloisons en bois, en cases qui servaient à isoler chaque malade et des lavoirs commodes furent placés tout auprès. Ce pavillon subsista jusqu'en 1835. [1]

Les abbés et religieux de St-Amand cédèrent en 1698 les fontaines de boues et une partie de la cense de Bouillon à bail emphythéotique pour 99 ans. Les bâtiments des fontaines furent réparés et agrandis, un hôpital militaire bâti en 1737-1738 et la vente et l'usage des boues furent réglés par une ordonnance de M. de Granville, intendant de Flandre, le 1er avril 1739.

Les religieux guidés par l'amour du bien public et du service de Sa Majesté reprirent au fermier contre 55.000 livres, les 35 années de bail qui restaient à courir en 1764 et de nouveaux travaux d'aménagement furent entrepris en 1766, en même temps que furent élaborés les tarifs des eaux, et les règlements imposés aux fermiers, aux particuliers et aux militaires ; le bien-être des civils était alors — d'après les plaintes d'un baigneur, au prieur de l'abbaye de St-Amand — sacrifié à celui des militaires. Les eaux et boues de St-Amand étaient déjà célèbres, au moins dans toute la région du Nord et, depuis Héroguelle (1683) jusqu'à la Révolution, nombreux sont les médecins qui ont écrit sur l'établissement thermal et les principales guérisons qu'ils y ont constatées ; les eaux étaient déjà expédiées surtout l'hiver en assez grande quantité.

St-Amand, pendant la Révolution, fut moins célèbre par son établissement thermal, que par les événements politiques et militaires qui s'y déroulèrent ; le célèbre conventionnel Couthon y vint cependant se soigner pour retrouver, par les bains de boue, l'usage de ses jambes, tandis que Dumouriez (ou du Mouriez) en 1793, essaya d'y rétablir la royauté.

En 1794, l'établissement de Fontaine-Bouillon devient municipal, il est remis en état en 1797, mais ne fut loué qu'en 1798. En 1805, Louis Bonaparte qui devait devenir l'année suivante roi de Hollande et sa femme Hortense de Beau-

(1) Nous empruntons ces détails à la Notice Historique de M. V. Croix, professeur au collège de Saint-Amand, qui nous a été gracieusement communiqué par M. Gillet, Administrateur-Directeur de l'Établissement, et à qui nous adressons ici nos bien sincères remerciements.

harnais vint aux eaux de St-Amand. Malgré cette visite princière, l'établissement languissait et les malades étaient peu nombreux (une quarantaine), aussi en 1812 la municipalité de St-Amand déclara renoncer à la propriété des boues de St-Amand à cause des dépenses qu'elles nécessitent, et en 1814 l'hôpital militaire fut supprimé.

De 1812 à 1835, l'établissement de St-Amand mal entretenu et délabré est peu fréquenté. Après que l'État l'eut cédé au Département du Nord, de 1839 à nos jours, l'établissement fut constamment amélioré et est aujourd'hui une station où les malades sont assurés de trouver avec le confort moderne, les soins appropriés à leur état.

I°. — Sources de Saint-Amand

Si l'on fait un forage aux environs de St-Amand, on trouve après 1m50 à 2m de terre végétale plus ou moins tourbeuse et argileuse, une couche de sables glauconieux de vingt mètres d'épaisseur et dont les six à sept mètres supérieurs sont boulants.

Il existe à la base de ces sables une première nappe aquifère dont beaucoup de maisons se contentent, mais qui donne une eau généralement trouble et mauvaise. A 22m environ on traverse 6 à 7m d'argile bleuâtre dont la base renferme des lignites pyriteux et à 29m on pénètre dans la craie. A la limite de la craie et de l'argile existe un second niveau aquifère fournissant les eaux sulfureuses froides dont nous avons parlé plus haut. [1]

Si l'on continue à descendre, la craie blanche turonienne avec silex cornus est traversée et l'on arrive aux dièves à la surface desquelles existe un 3e niveau d'eau dont l'eau n'est nullement sulfureuse. C'est le niveau d'eau des Marlettes (craie turonienne à *Terebratulina gracilis*) dont le niveau va en diminuant vers le N.-E. qui alimente les puits artésiens de St-Amand.

Enfin, plus profondément encore au contact du terrain houiller inférieur vers 140m se trouve, comme l'ont montré différents sondages entrepris pour recherche de la houille aux environs de Valenciennes et de St-Amand, une 4e nappe aquifère d'eaux sulfureuses, chaudes, jaillissantes, dont la température peut atteindre 40-42°.

Ces eaux profondes doivent se mélanger, avant leur émergence, avec les eaux des autres niveaux aquifères plus superficiels. Aussi, au niveau du sol ces eaux n'arrivent que tièdes et très légèrement sulfureuses.

---

[1] Eau d'un puits du collège, du puits profond de 21 m. creusé tout près de l'établissement.

D'après ce que nous avons dit plus haut, il n'est donc pas douteux qu'un sondage isolant les eaux profondes (provenant du terrain houiller) des eaux plus superficielles permettrait d'amener au jour des eaux plus chaudes, plus minéralisées et peut-être plus actives encore.

Jusqu'au XVIIe siècle, il n'existait qu'une seule source, la Fontaine Bouillon ou Bouillante-Fontaine, ainsi appelée à cause de son état d'agitation continuelle et des nombreuses bulles de gaz qui s'en dégagent.

Lors des travaux de captage et d'aménagement, entrepris vers 1698, la fontaine Bouillon fut momentanément obstruée et c'est alors que prit naissance la fontaine dite du Pavillon Ruiné. Quelques années plus tard parurent les fontaines de l'Evêque d'Arras ou Vérité et de la Chapelle.

St-Amand-les-Eaux.

La station de St-Amand possède actuellement cinq sources : La petite Fontaine (ou de la Chapelle), d'un débit d'environ 6 litres par minute .

Le Pavillon Ruiné, d'un débit d'environ 20 litres par minute, qui se trouvent actuellement mélangées ; la température du mélange est 25°25, leur densité 1,00013 et le résidu fixe 1 gr. 425 par litre.

La Fontaine Bouillon, la plus anciennement connue, d'un débit de 400 litres environ par minute, qui coule à travers la salle, au centre de l'établissement et sert, avec les deux autres employées, au service des bains. T. 27° depuis 1737, sa densité, 1,0013 à 17°.

La Fontaine de l'Evêque d'Arras ainsi nommée, en souvenir de la guérison qu'un évêque de cette ville, le cardinal Granvelle vint chercher en 1714, dont le débit est de 4 litres par minute actuellement (0,00132 d'hydrogène sulfuré par litre).

Enfin, la source Vauban, d'un débit de 300 litres par minute, utilisée pour l'embouteillage des eaux destinées à l'exportation.

Analyse. Parmi les premières analyses des eaux de St-Amand, celle de Mornet (1768) paraît la plus exacte : il signale une légère odeur de soufre dans l'eau des Fontaines Bouillon et de l'Evêque d'Arras, le noircissement d'une pièce d'argent et la présence du fer dans l'eau des boues.

Depuis 1812, il y a eu de nombreuses analyses des eaux. Nous le résumons dans le tableau ci-joint. Malgré quelques différences, elles confirment l'origine profonde commune de toutes ces sources.

	1812	1821 Palas (2)	1833 (3) Kuhlmann	1873 R. Lalloy Fontaine Bouillon	1873 R. Lalloy Evêque d'Arras	1895 Willm	1873 R. Lalloy Le Clos
Acide carbonique des bicarbonates....						0,2098	
Acide carbonique libre						0,0140	
Acide carbonique total..............	0,467	0,55		0,236	0,262	0,2238	0,221
Bicarbonate de calcium...............	0,30	0,1965	0,200	0,222	0,202	0,2078	0,262
Bicarbonate de magnésium............	?	0,060	0,050	0,077	0,065	0,0258	0,011
Sulfate de calcium..................	0,06	0,611	0,615	0,611	0,631	0,6120	0,524
— de magnésium..................	0,73	0,137	0,145	0,310	0,305	0,2243	0,259
de sodium.........................	»	»	»	0,054	0,056	0,0288	0,046
de potassium.....................	»	»	»	»	»	0,0150	»
Chlorure de magnésium..............	0,08	0,5	0,051	Kil 0,019	Kil 0,021		Kil 0,083
— de sodium.......................	0,29 (1)	0,38	0,050	0,093 (4)		0,1135	0,0170
Fer.................................	»	0,025	0,020	»	0,001		»
Silice..............................	,025	0,015	0,010	0,020	0,020	0,0255	0,016
Matières organiques.................	»	0,000	0,000	0,000		0,000	»
Matières dissoutes	1,795,1	1,450	1,450	1,139	1,412	1,3548	1,201
				T. 27° P.S. 1,0013 à 17°	T. 23°5 P.S. 1,0013 à 18 H^2S 0,00132		

(1) Il avait été reconnu, en outre, 0,055 de chlorure de calcium.

(2) Mém. Soc. Sc. de Lille 1re série II, page 124. Cette analyse a été reproduite par G. Rattin, dans sa Géologie

(3) Mém. Soc. Sc. de Lille 1re série X, p. 107. En même temps que l'eau s'échappa en abondance un gaz formé de 95 CO_2, 4,50 Az et 0,5 oxygène pour 100.

(4) Mém. Soc. Sc. de Lille 3 – XIII, p. 241. M. Lalloy a signalé la Barégine dans l'eau de la Fontaine de l'Evêque d'Arras

D'après M. Laloy, la composition varie légèrement avec la saison. Ce fait serait dû, croyons-nous, aux eaux superficielles mélangées, dont l'abondance varie avec la saison.

Bien que faiblement minéralisées, ces eaux classées par Hayem dans la classe des indéterminées, ont une grande valeur thérapeutique sanctionnée par l'expérience.

La légère prédominance du sulfate de chaux, sur les sulfates de magnesium, de potassium, de sodium et sur les chlorures correspondants, les fait encore ranger, par un certain nombre d'auteurs, parmi les *sulfatées calciques*.

Saint-Amand-Thermal. — Vue extérieure de la piscine.

Elles sont administrées intus et extra, et leur action dominante est d'être très diurétique, laxative à haute dose.

A l'intérieur, à la dose de 1 à 12 verres par jour et plus, soit comme médication adjacente à celle des bains de boue, soit comme eau de table.

A l'extérieur, en bains et en douches (douches-massages).

D'après les sommités médicales, elles agissent sur les maladies par ralentissement de la nutrition (goutte, gravelle, rhumatisme). Elles conviennent aux neurasthéniques hyperchlorhydriques, et en général à tous les gastropathes à réaction acide. Elles s'adressent enfin aux névralgies, inflammations chroniques et phlébites en voie de décroissance.

Les eaux de Saint-Amand sont contre-indiquées pour les hypochlorhydriques et les apeptiques.

2°. — Les boues de Saint-Amand

Saint-Amand est en général beaucoup plus connu par ses boues sulfureuses et ferrugineuses, qui forment en effet la base du traitement que l'on vient suivre à Saint-Amand.

Les boues sont contenues dans une vaste rotonde vitrée et divisée en 121 cases sans fond, mais distinctes, où se place le baigneur. Elles sont formées : 1° de la couche superficielle tourbeuse (terre noire végéto-minérale ferrugineuse) 2° d'une seconde couche de marne argileuse noirâtre. Les deux réunies ont une épaisseur de deux mètres et reposent sur une 3e couche de sable mouvant, légèrement glauconieux. Elles sont donc un mélange intime de tourbe, d'argile marneuse et de sable. Leur coloration est noire, leur odeur sulfureuse, et elles laissent dégager lorsqu'on les agite, ou lorsque la pression atmosphérique diminue, un gaz inflammable formé d'azote, de gaz carbonique, d'hydrogène carboné et d'hydrogène sulfuré. Très onctueuses, ces boues ont une température qui varie de 22° à 26°, suivant la profondeur, et une densité de beaucoup supérieure à celle du corps humain, variant de 1,15 à 1,53, selon le

Saint-Amand-Thermal. — L'heure du bain.

degré de concentration. Elles constituent une boue thermale (*Minéral moore* des auteurs).

Lorsqu'elles n'ont pas été remuées depuis quelque temps, on distingue parfaitement des sources qui les traversent et viennent s'écouler à la surface, et viennent modifier constamment la constitution chimique des boues, par l'apport pour ainsi dire continu de principes minéralisateurs nouveaux. La température de cette eau est de 25°; elle est sulfureuse et contient une forte proportion de sulfate de chaux.

L'analyse d'un kilogramme de boue a fourni :

Gaz carbonique	0,10
Hydrogène sulfuré	0,03
Eau	550,00
Matière extractive	12,20
Matière organique	68,80
Carbonate de calcium	15,09
Carbonate de magnésium	5,68
Soufre	2,00
Fer	14,58
Silice	304,00
Perte	27,00
	1000,00

Ce sont donc des boues sulfureuses et ferrugineuses, carbonatées calciques et magnésiques avec une grande proportion de silice et du soufre naissant.

Leur formation est la suivante.

Au contact des matières organiques contenues dans les boues une certaine quantité du sulfate de chaux amené par les sources perd son oxygène et donne du sulfure de calcium que l'acide carbonique libre de l'eau transforme en carbonate de calcium et hydrogène sulfuré. Une partie de celui-ci, sous l'influence de l'oxygène de l'air se dédouble en soufre et en eau ; ce soufre vient former à la surface des boues des nuages d'un beau jaune citron. Enfin l'eau qui détrempe continuellement ces boues contient aussi de la barégine qui se dépose sous l'action de l'air et de la lumière enrichit constamment les boues en matières organiques et contribue puissamment à la production de l'hydrogène sulfuré. Cette barégine, comme l'avait soupgonné Pallas, en se décomposant, donne naissance à du carbonate d'ammoniaque que l'on retrouve dans les boues et les eaux qui s'en écoulent.

En résumé, les boues de Saint-Amand ont la propriété d'enlever aux eaux minérales qui les imprègnent et les traversent constamment la plus grande partie de leurs principes thérapeutiques ; elles les transforment et les condensent et peut-être en rendent l'absorption plus rapide et plus efficace.

Mode d'emploi. — Elles sont administrées en demi-bains, bains complets, tièdes, chauds et très chauds, et en applications partielles ou générales (lutations) généralement très chaudes (50 à 55°).

La durée des bains de boue varie d'une demi-heure à cinq heures, elle est en moyenne de deux à trois heures, et la température peut varier de 30 à 45°, et les malades boivent en même temps deux à douze verres et plus de l'eau minérale des sources Vauban et Évêque d'Arras.

Leur action physiologique peut se résumer de la façon suivante : une action générale sur la respiration, la circulation, le système nerveux, le système musculaire et le système osseux ; sur la sensibilité électro cutanée, sur la température centrale et périphérique, sur la sudation et sur l'élimination plus grande des déchets organiques.

L'action locale serait à la fois émolliente, compressive, massante, thermique et médicamenteuse.

D'après les autorités médicales, ces boues représenteraient la médication thermale par excellence de la stimulation générale de l'organisme et des résolutions locales et sont utilisées avec grand succès pour le traitement des maladies de peau, des paralysies, des rhumatismes, sciatiques, affections chroniques des organes génito-urinaires, de l'intestin, etc.

Elles sont contre-indiquées dans la goutte aiguë et le rhumatisme articulaire aigu et d'une façon générale d'après l'état du système vasculaire et du cœur, dans les cas de troubles profonds des organes respiratoires, de grossesse, de brightisme et de prédisposition aux congestions.

Lille Imp. L. Danel

www.ingramcontent.com/pod-product-compliance
Lightning Source LLC
LaVergne TN
LVHW050451160826
845677LV00003B/738

9782329672205